数学ガールの秘密ノート

Mathematical Girls: The Secret Notebook (Bits and Binary)

ビットとバイナリー

結城 浩
Hiroshi Yuki

SB Creative

●ホームページのお知らせ

本書に関する最新情報は、以下の URL から入手することができます。

https://www.hyuki.com/girl/

この URL は、著者が個人的に運営しているホームページの一部です。

© 2019 本書の内容は著作権法上の保護を受けております。著者・発行者の許諾を得ず、無断で複製・複写することは禁じられております。

あなたへ

　この本では、ユーリ、テトラちゃん、リサ、ミルカさん、そして「僕」が数学トークを繰り広げます。

　彼女たちの話がよくわからなくても、数式やプログラムの意味がよくわからなくても先に進んでみてください。でも、彼女たちの言葉にはよく耳を傾けてね。

　そのとき、あなたも数学トークに加わることになるのですから。

登場人物紹介

「僕」

　　高校生、主な語り手。
　　数学、特に数式が好き。

ユーリ

　　中学生、「僕」の従妹。
　　栗色のポニーテール。論理的な思考が好き。

テトラちゃん

　　「僕」の後輩の高校生、いつも張り切っている《元気少女》。
　　ショートカットで、大きな目がチャームポイント。

リサ

　　「僕」の後輩。寡黙な《コンピュータ少女》。
　　真っ赤な髪の高校生。

ミルカさん

　　「僕」のクラスメートの高校生、数学が得意な《饒舌才媛》。
　　長い黒髪にメタルフレームの眼鏡。

C O N T E N T S

あなたへ —— iii
プロローグ —— ix

第1章　指折りビット —— 1

1.1　31 まで片手で数える —— 1
1.2　指の折り方 —— 5
1.3　記数法 —— 8
1.4　10 進法 —— 10
1.5　2 進法 —— 12
1.6　対応表 —— 17
1.7　2 進法で 1 を足していく —— 20
1.8　39 はどうなる？ —— 23
1.9　パターンの発見 —— 30
1.10　2 つの国 —— 32
1.11　モナ・リザと変幻ピクセル —— 37
　　　●第1章の問題 —— 39

第2章　変幻ピクセル —— 45

2.1　駅にて —— 45
2.2　双倉図書館にて —— 46
2.3　スキャナの仕組み —— 49
2.4　プリンタの仕組み —— 54
2.5　実行してみよう —— 56
2.6　フィルタの仕組み —— 57
2.7　2 で割る —— 59
2.8　1 ビット右シフトする —— 61
2.9　2 ビット右シフトする —— 63
2.10　1 ビット左シフトする —— 64

vi CONTENTS

2.11	ビット反転する —— 65
2.12	おやつタイム —— 68
2.13	左半分と右半分を交換する —— 70
2.14	左右を反転する —— 74
2.15	フィルタを重ねる —— 83
2.16	2 入力のフィルタ —— 84
2.17	縁取りする —— 87
	●第2章の問題 —— 98

第3章　コンプリメントの技法 —— 101

3.1	僕の部屋 —— 101
3.2	謎の計算 —— 102
3.3	2 の補数表現 —— 106
3.4	符号反転する理由 —— 113
3.5	オーバーフロー —— 115
3.6	全ビット反転して 1 を足す —— 117
3.7	あふれを無視する意味 —— 120
3.8	16 を法とする計算 —— 121
3.9	謎の式 —— 124
3.10	無限ビットパターン —— 137
	●第3章の問題 —— 142

第4章　フリップ・トリップ —— 147

4.1	双倉図書館 —— 147
4.2	フリップ・トリップ —— 149
4.3	ビットパターンをたどる —— 158
4.4	後半のハーフトリップ —— 165
4.5	ルーラー関数 —— 169
4.6	グレイコード —— 171
4.7	ハノイの塔 —— 180
	●第4章の問題 —— 184

第5章　ブール代数 —— 189

5.1　図書室にて —— 189
5.2　ビットパターンを繋ぐ —— 195
5.3　順序関係 —— 198
5.4　上界と下界 —— 206
5.5　最大元と最小元 —— 211
5.6　補元 —— 213
5.7　順序の公理 —— 215
5.8　論理と集合 —— 221
5.9　約数と素因数分解 —— 225
　●第5章の問題 —— 229

エピローグ —— 235
解答 —— 241
もっと考えたいあなたのために —— 277
あとがき —— 297
参考文献と読書案内 —— 301
索引 —— 303

プロローグ

かあさんおかたをたたきましょう。
タントンタントンタントントン……

それではゲームを始めましょう。
黒　白　黒　白　黒　白　白……

それでは裏ワザ見せましょう。
↑　↓　↑　↓　↑　↓　↓……

それでは通信はじめましょう。
１０１０１００…

たった二つの手がかりで、何ができるというのだろう。
二つあるなら、何でもできる。

たった二人の君と僕、何ができるというのだろう。
二人いるなら、何でもできる。

どんなことでも──できるはず。

x　プロローグ

プロローグ冒頭の二行は西條八十の童謡「肩たたき」を元にしています。

第 1 章

指折りビット

"数を数えているのか、指を数えているのか。"

1.1　31 まで片手で数える

ユーリ「ねえ、お兄ちゃん！ 31 まで片手で数えられる？」

僕「突然どうした」

　僕は高校生、**ユーリ**は中学生の従妹。

　小さい頃からいっしょに遊んできたので、彼女は僕のことを《お兄ちゃん》と呼ぶ。

　学校が休みの日、彼女はいつも僕の部屋で過ごす。ゲームをしたり、本を読んだり……

ユーリ「この本に《31 まで片手で数える方法》が書いてあるの。お兄ちゃんはできる？」

　僕は、彼女がいままで読んでいた本に目を移す。

僕「ああ、2 進法で数を数える方法のことだね」

ユーリ「にしんほうで数える……お兄ちゃん、できるの？」

僕「練習したことがあるから、できるよ」

ユーリ「やってやって!」

僕「これが 1 だよね。親指を折る」

ユーリ「うん、そーだね」

　ユーリは、僕の指と本とを見比べて答えた。

僕「親指を上げて人差し指を折ると 2 だよね」

ユーリ「うんうん。じゃ、3 は?」

僕「3 はこうだろ? また、親指も折る」

3

ユーリ「合ってる、合ってる!」

僕「4 で折るのは中指だけ、と……手が痛いな!」

4

僕は 31 まで順番に指を折ってみせた。

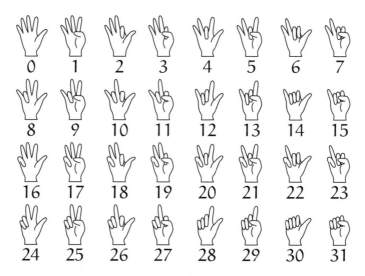

31 まで片手で数える

ユーリ「お兄ちゃん、すごーい!」

僕「指がつりそうになるね。特に 4 と 8 と 21」

ユーリ「31 まで片手で数えられるんだ、やるじゃん!」

ユーリはそう言って、V サインをする。うん、それは 25 だな。

僕「普通の数え方だと、10 までしか数えられないからね」

ユーリ「それにしてもよくこんなの暗記できるにゃあ……」

ユーリは猫語で感心する。

僕「別に暗記してるわけじゃないよ」

ユーリ「え?」

僕「指の上げ下げを暗記しているわけじゃないんだ。順番に 1 ず
つ足しているだけ。繰り上がりに注意すれば、ユーリもすぐ
にできるはず」

ユーリ「ほんと？ やりたいやりたい！」

僕「2 進法の話だから、もう知ってるんじゃない？」

ユーリ「どーして？」

僕「《数当てマジック》で 2 進法は教えたよね[*1]」

ユーリ「あー、そだね。もー忘れちゃったけど」

僕「がく。じゃあ、順序立てて話そう」

ユーリ「うん！」

こんなふうにして、僕たちの《数学トーク》が始まった。

1.2 指の折り方

僕「片手には 5 本の指があるよね」

ユーリ「そだね。がうっ！」

ユーリは猛獣の真似をして、僕をひっかくそぶりを見せる。

僕「僕たちは、5 本の指を折って数を表したい。ところで、それ
ぞれの指には《上げているとき》と《下げているとき》の 2

[*1] 『数学ガールの秘密ノート／整数で遊ぼう』参照。

通りの場合がある」

ユーリ「指を《折ってないとき》と《折っているとき》ってこと
だよね」

僕「そういうこと。たとえば、小指は上げるか下げるかの 2 通り
がある。そのそれぞれに対して、薬指も上げるか下げるかの
2 通りがある……というのを繰り返して考える」

- **小指**は、上げるか下げるかの 2 通り。
- **薬指**は、上げるか下げるかの 2 通り。
- **中指**は、上げるか下げるかの 2 通り。
- **人差し指**は、上げるか下げるかの 2 通り。
- **親指**は、上げるか下げるかの 2 通り。

ユーリ「わかる！

$$\underbrace{2}_{小指} \times \underbrace{2}_{薬指} \times \underbrace{2}_{中指} \times \underbrace{2}_{人差し指} \times \underbrace{2}_{親指} = 32$$

だから、全部で 32 通りある！」

僕「そういうことだね。それぞれの指は上げるか下げるかの 2 通
りあって、指は 5 本ある。そこで 2 の 5 乗を計算すれば、指
の上げ下げは全部で 32 通りあるとわかる。32 通りあるんだ
から、32 種類の数を表すことができるわけだ」

$$\underbrace{2 \times 2 \times 2 \times 2 \times 2}_{2 が 5 個} = 2^5 = 32$$

ユーリ「あれ？ 31 通りじゃなくて 32 通り？」

僕「1, 2, 3, ..., 31 と、それから 0 だね」

ユーリ「あ、そっか。ゼロもあったんだ」

僕「次に、1 本の指の上げ下げを 0 と 1 に対応させる。つまり、

- 指を上げる　←----→　0
- 指を下げる　←----→　1

ということ。そうすると、5 本指の上げ下げは、5 桁の 0 と 1 に対応することになるね」

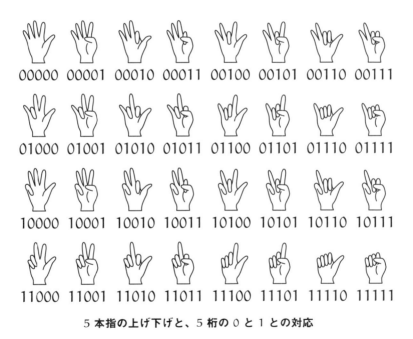

5 本指の上げ下げと、5 桁の 0 と 1 との対応

ユーリ「ふむふむ。ゼロとイチね……」

僕「たとえば、これは 11001 に対応する」

ユーリ「ピース」

僕「《5桁の0と1》を《2進法で表した5桁の数》と見なす。そうすると、片手を使って0から31までの数を表すことができるんだ」

ユーリ「ちょっと待ってお兄ちゃん。結局、この0と1の並び方を暗記することになるじゃん」

僕「いま話したのは、指の折り方を0と1の並びに対応させるということだけだよ。おもしろい話はここから」

ユーリ「がうっ！」

1.3 記数法

僕「ところでユーリは10進法って、何なのか知ってる？」

ユーリ「何なのかって——数じゃないの？」

僕「10進法は数そのものじゃなくて、**記数法**の一つなんだよ」

ユーリ「きすーほー」

僕「数を表記する方法、要するに数の表し方だね」

ユーリ「数の表し方って、数のことじゃないの？」

僕「いやいや。数の表記と数そのものとは別だよ」

ユーリ「めんどくさそーな話……数は数じゃん！」

僕「たとえば、《12》と書いても、漢字で《十二》と書いても、英語で《twelve》と書いても、どれも 12 という同じ数を表しているよね。表記は違うけど、数そのものは同じ」

ユーリ「時計もあるよ」

僕「時計？」

ユーリ「リビングの時計、12 時のところが《XII》だよね」

僕「ああ、そうだね！ よく気がつくなあ。ユーリの言う通り。

10　第1章　指折りビット

　　XII も 12 を表しているね」

ユーリ「ふんふん、ナットク……そんで？」

1.4　10進法

僕「それで、10進法の話。10進法は、僕たちがふだん使っている記数法。10進位取り記数法というときもある」

ユーリ「じっしんくらいどりきすーほー」

僕「10進法で使える数字は 0, 1, 2, 3, 4, 5, 6, 7, 8, 9 の 10 種類。この数字を並べて数を表す」

ユーリ「そだね」

僕「位取り記数法では、その数字が書かれている場所——つまり位が大事になる」

ユーリ「イチ、ジュウ、ヒャク、セン、マン……ってやつ」

僕「そうそう。右から順番に 1 の位、10 の位、100 の位、1000 の位だね。位が 1 個左に進むごとに重みが 10 倍になる。たとえば 2065 という数なら——

$$1 \text{ の位にある } 5 \text{ は、}\quad 5 \times \quad 1 \text{ を表す。}$$
$$10 \text{ の位にある } 6 \text{ は、}\quad 6 \times \quad 10 \text{ を表す。}$$
$$100 \text{ の位にある } 0 \text{ は、}\quad 0 \times \quad 100 \text{ を表す。}$$
$$1000 \text{ の位にある } 2 \text{ は、}\quad 2 \times 1000 \text{ を表す。}$$

——ということ」

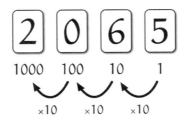

ユーリ「あー、思い出してきたよ。お兄ちゃん！ 4 桁の数は、
$$1000\boxed{a} + 100\boxed{b} + 10\boxed{c} + 1\boxed{d}$$
という形で表せるんでしょ？」

僕「1000 の位の数字が $\boxed{a}$ で、100 の位の数字が $\boxed{b}$ で、10 の位の数字が $\boxed{c}$ で、1 の位の数字が $\boxed{d}$ の場合はそうだね」

ユーリ「うんうん」

僕「2065 という数の並びは、2 個の 1000 と、0 個の 100 と、6 個の 10 と、5 個の 1 を足し合わせた数を表しているといえる」

$$\boxed{2} \times 1000 + \boxed{0} \times 100 + \boxed{6} \times 10 + \boxed{5} \times 1$$

ユーリ「カンタン、カンタン」

僕「ここまでは僕たちがよく知ってる 10 進法の話。そして、ここまでに出てきた 10 をすべて 2 に置き換えると 2 進法の話になるんだよ」

ユーリ「ほほー！」

1.5 2進法

僕「2進法も記数法、つまり数を書き表す方法の一つだね。でも、2進法で使う数字は 0 と 1 の 2 種類だけ。その 2 種類の数字を何個か並べて数を表す」

ユーリ「ふんふん」

僕「右から順番に 1 の位、2 の位、4 の位、8 の位、16 の位と呼ぶ。位が 1 個左に進むごとに 2 倍になる。たとえば 11010 という数なら——

$$
\begin{aligned}
&1 \text{ の位にある } 0 \text{ は、} & 0 \times 1 \text{ を表す。} \\
&2 \text{ の位にある } 1 \text{ は、} & 1 \times 2 \text{ を表す。} \\
&4 \text{ の位にある } 0 \text{ は、} & 0 \times 4 \text{ を表す。} \\
&8 \text{ の位にある } 1 \text{ は、} & 1 \times 8 \text{ を表す。} \\
&16 \text{ の位にある } 1 \text{ は、} & 1 \times 16 \text{ を表す。}
\end{aligned}
$$

——ということ」

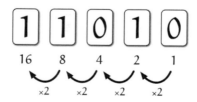

ユーリ「2 進法だと、16 の位とか、8 の位なんて中途半端な位になるんだね」

僕「中途半端?」

ユーリ「10 進法だと、1, 10, 100, 1000, . . . ってキリのいい数になるじゃん」

僕「1 から始めて 10 倍していく数をキリがいいと感じるのは、10 進法の表記に慣れているからだよ。10 倍すると数字の 0 が 1 個ずつ増えていくというのは、10 進法で表しているから」

ユーリ「あー……」

僕「10 進法では、1 の位、10 の位、100 の位、1000 の位……を使う。これはまとめて、

$$10^n \text{ の位} \qquad (n = 0, 1, 2, 3, \ldots)$$

の形に書ける」

ユーリ「ふんふん」

僕「10^n は、10 進法で表したときに 1 の後に 0 が n 個続くことに対応してるから、

- $10^3 = 1000$ (0 が 3 個)
- $10^2 = 100$ (0 が 2 個)
- $10^1 = 10$ (0 が 1 個)
- $10^0 = 1$ (0 が 0 個)

となる。すべて 10 の**冪乗**の形だね」

ユーリ「べきじょう」

僕「うん。冪乗は累乗というときもあるよ」

ユーリ「るいじょう」

僕「2 進法では、1 の位、2 の位、4 の位、8 の位、16 の位……を
使う。これはまとめて、

$$2^n \text{ の位} \qquad (n = 0, 1, 2, 3, 4, \ldots)$$

の形に書ける。2^n は、2 進法で表したときに 1 の後に 0 が
n 個続くことに対応してる。こちらは 2 の冪乗の形だ」

ユーリ「そっか！ 1 の位、2 の位、4 の位、8 の位、16 の位は、
2 進法で書いたらキリがいーんだね！ だって──

1 の位は、	$\overset{\text{イチ}}{1}$ の位
2 の位は、	$\overset{\text{イチゼロ}}{10}$ の位
4 の位は、	$\overset{\text{イチゼロゼロ}}{100}$ の位
8 の位は、	$\overset{\text{イチゼロゼロゼロ}}{1000}$ の位
16 の位は、	$\overset{\text{イチゼロゼロゼロゼロ}}{10000}$ の位

──になるもん」

僕「その通りだ！」

ユーリ「へへー」

僕「あ、そうだ。10000 のように 0 と 1 しか出てこないとき、10 進
法で表記しているのか、2 進法で表記しているのか紛らわし
いときがある」

ユーリ「あー、そーだね」

僕「何進法で表記しているのかをはっきりさせるため、右下に**基数**を書く方法があるんだよ。10000 が 10 進法なら $(10000)_{10}$ と書くし、2 進法なら $(10000)_2$ と書く。そうすればはっきりするよね」

$$(10000)_{10} \qquad \text{10 進法で表記した 10000}$$

$$(10000)_2 \qquad \text{2 進法で表記した 10000}$$

ユーリ「へー」

僕「たとえば、《2 進法で表記すると 11010 になる数は、10 進法で表記すると 26 になる数に等しい》というのは、こういう式で書けることになる」

$$(11010)_2 = (26)_{10}$$

ユーリ「めんどくさくない?」

僕「基数が何かがはっきりしているなら書かなくてもいいよ。あくまで、はっきりさせたいときだけ」

ユーリ「だったらいーけど」

僕「基数をはっきりさせることが目的。こんなふうに基数の方にかっこを付ける流儀もある」

$$11010_{(2)} = 26_{(10)}$$

ユーリ「にゃるほど」

僕「ところで、2 進法で表した 11010 という数は、10 進法で表したら 26 だけど、どうすればそれを確かめられる?」

ユーリ「計算すればいーじゃん。えーと……

16 第1章 指折りビット

$$(11010)_2 = \underline{1} \times 16 + \underline{1} \times 8 + \underline{0} \times 4 + \underline{1} \times 2 + \underline{0} \times 1$$
$$= 16 + 8 + 2$$
$$= 26$$

……だから、26 で合ってる！」

僕「そうだね！ 2進法では 0 と 1 の数字しか使わない。ということは《2進法で数を表記する》というのは、数を《2の冪乗の和で表記する》ことなんだ。いまユーリが計算した 26 の場合だと、

$$26 = 16 + 8 + 2$$
$$= 2^4 + 2^3 + 2^1$$

という形で、2^4 と 2^3 と 2^1 の和だね」

ユーリ「ほーほー。2^2 と 2^0 は使ってない」

僕「たとえば 31 の場合だと、

$$31 = 16 + 8 + 4 + 2 + 1$$
$$= 2^4 + 2^3 + 2^2 + 2^1 + 2^0$$

という形になる。これは $2^4, 2^3, 2^2, 2^1, 2^0$ の和で表していることになるね」

ユーリ「ふむふむ。こっちは 2^4 から 2^0 まで全部使ってる」

1.6 対応表

僕「$0, 1, 2, 3, \cdots, 31$ を 10 進法と 2 進法で表してみようか」

18　第1章　指折りビット

10進法	2進法
0	00000
1	00001
2	00010
3	00011
4	00100
5	00101
6	00110
7	00111
8	01000
9	01001
10	01010
11	01011
12	01100
13	01101
14	01110
15	01111
16	10000
17	10001
18	10010
19	10011
20	10100
21	10101
22	10110
23	10111
24	11000
25	11001
26	11010
27	11011
28	11100
29	11101
30	11110
31	11111

10進法と2進法の対応表

僕「この対応表で**パターン**がいくつか見えるね。たとえば、2進法で右端の数を縦に読んでみる」

ユーリ「0, 1, 0, 1, 0, 1, . . . になってる」

僕「そうだね。1の位が0なら**偶数**だし、1なら**奇数**だ。偶数と奇数は交互に来るから、0, 1, 0, 1, . . . を繰り返していく」

10進法	2進法
0	00000
1	00001
2	00010
3	00011
4	00100
5	00101
6	00110
7	00111
8	01000
9	01001
10	01010
11	01011
12	01100
13	01101
14	01110
⋮	⋮

ユーリ「それから、2の位は0, 0, 1, 1, 0, 0, 1, 1, . . . だよ」

僕「0と1が2個ずつ交互に並んでるね」

20　第1章　指折りビット

10進法	2進法
0	00000
1	00001
2	00010
3	00011
4	00100
5	00101
6	00110
7	00111
8	01000
9	01001
10	01010
11	01011
12	01100
13	01101
14	01110
⋮	⋮

1.7　2進法で1を足していく

僕「じゃ、いよいよ数えてみようか。0を2進法5桁で表すと
　00000になる。そこに1を足すと00001になる」

$$
\begin{array}{ccccc}
0 & 0 & 0 & 0 & 0 \\
+ & & & & 1 \\
\hline
0 & 0 & 0 & 0 & 1
\end{array}
$$

ユーリ「0に1足したら1だから」

僕「さらに1を足したものが2だね。$\overset{\text{ゼロゼロゼロイチゼロ}}{00010}$」

```
  0 0 0 0 1
+         1
-----------
  0 0 0 1 0
```

ユーリ「繰り上がり？」

僕「そうだね。いま、**繰り上がり**が起きた。1 足す 1 は 2 なんだけど、2 進法では 0 と 1 しか使えない。繰り上がりして 00010 になった」

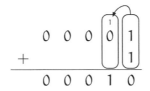

ユーリ「もっぺん 1 を足したら 3 で、00011（ゼロゼロゼロイチイチ）」

```
  0 0 0 1 0
+         1
-----------
  0 0 0 1 1
```

僕「その次の 4 になるときは繰り上がりが 2 回続けて起きる」

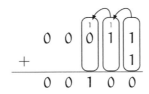

ユーリ「これって 99 に 1 足したときと似てるね」

僕「ああ、そうだね。10進法で 99 に 1 足したときも繰り上がりが 2 回続けて起きるからね」

ユーリ「2進法は 0 と 1 しかないから計算、簡単だあ！」

僕「そのかわり、2進法だと桁数が多くなるよ」

ユーリ「そっか……」

僕「ここまでわかっていれば、もう片手で 31 まで数えられるね。指を折っているところを 1 だと思って、繰り上がりに注意しながら 1 ずつ増やしていけばいいんだから」

ユーリ「やってみる！」

　ユーリは熱心に指を折って、2進法で数え始めた。

僕「親指が 1 の位だから、交互に上げ下げして忙しいよね」

ユーリ「そだね。小指はずっとヒマ……」

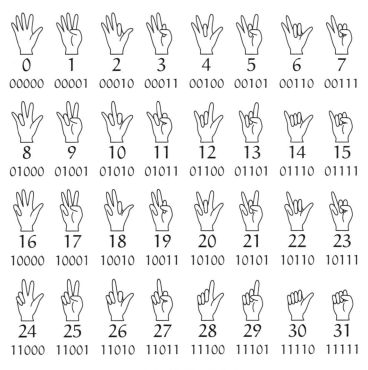

31 まで片手で数える

1.8 39 はどうなる？

僕「じゃ、ここで**クイズ**を出すよ」

ユーリ「なになに？」

僕「10 進法で 39 と書く数を、2 進法で書いたらどうなる？」

24   第1章　指折りビット

クイズ

39 を 2 進法で書いてみよう。

$$(39)_{10} = (\ ?\ )_2$$

ユーリ「覚えてない」

僕「いやいや、覚えてるかどうかじゃなくて考えてほしいんだけど」

ユーリ「……あ、そっか。さっき 31 までの対応表を作ったから、そこから続ければいーね。31 が 11111 で、32 が 100000 で、33 が 100001 で……」

10 進法	2 進法
⋮	⋮
31	11111
32	100000
33	100001
34	100010
35	100011
36	100100
37	100101
38	100110
39	100111
⋮	⋮

10 進法と 2 進法の対応表（続き）

1.8 39はどうなる？ 25

ユーリ「だから、39 は 2 進法だと 100111 になるんじゃない？」

僕「正解！」

クイズの答え

39 を 2 進法で書くと 100111 になる。

$$(39)_{10} = (100111)_2$$

ユーリ「簡単だよ！」

僕「ユーリがいまやったみたいに、1 ずつ増やす方法は悪くない」

ユーリ「でも、面倒だよ！」

僕「一般的に《10 進法で表した数を 2 進法で表す方法》を考えることはできるかな。《39 は 2 進法で表記すると 100111 になる》というためには、39 を何とかして 2 の冪乗の和の形にすればいい。対応表を使わずに 100111 を見つけるにはどうすればいいだろう」

ユーリ「うーん……」

僕「39 を 2 進法で表したとき、1 の位が 0 じゃなくて 1 になるのはすぐにわかる」

$$39 = (\cdots 1)_2$$

ユーリ「なんで？　……あっ、39 は奇数だから？」

僕「そういうことだね。ある数を 2 進法で表したとき——」

- 偶数ならば、1 の位は 0
- 奇数ならば、1 の位は 1

——になる。言い換えると、ある数を 2 進法で表したときの 1 の位は、**2 で割ったときの余り**になっているといえる。39 を 2 で割ったときの商と余りはこうだね」

$$39 = 2 \times \underbrace{19}_{\text{商}} + \underbrace{1}_{\text{余り}}$$

ユーリ「ふむふむ」

僕「だから、《2 で割る》のが 2 進法で表記するための鍵だね」

ユーリ「1 の位は 2 で割った余りでわかるけど、2 の位は?」

僕「考えるときには《**似た問題を知っているか**》と問いかけよう」

ユーリ「あっ、4 で割った余り?」

僕「すごい! でもそれだと 0, 1, 2, 3 のどれかになっちゃう」

ユーリ「そっか、使えるのは 0 と 1 だけだった……」

僕「5 桁の 2 進法で表された数が、

$$(\boxed{a}\boxed{b}\boxed{c}\boxed{d}\boxed{e})_2$$

という形になっていたとしよう。$\boxed{a}, \boxed{b}, \boxed{c}, \boxed{d}, \boxed{e}$ はどれも 0 と 1 のどちらかだよ。2 進法で使う数字なんだから」

ユーリ「うん……そんで?」

僕「2 進法で表されているんだから、

$$(\boxed{a}\boxed{b}\boxed{c}\boxed{d}\boxed{e})_2 = 16\boxed{a} + 8\boxed{b} + 4\boxed{c} + 2\boxed{d} + 1\boxed{e}$$

のように書けるよね」

ユーリ「……」

僕「これを 2 で割ったとき、**商**と**余り**がどうなるかを考えると、

$$(\boxed{a}\boxed{b}\boxed{c}\boxed{d}\boxed{e})_2 = 2\underbrace{(8\boxed{a} + 4\boxed{b} + 2\boxed{c} + 1\boxed{d})}_{商} + \underbrace{1\boxed{e}}_{余り}$$

のようになるよね」

ユーリ「2 でくくったの？」

僕「そうだよ。この商をよく見よう」

ユーリ「あっ！ $8\boxed{a} + 4\boxed{b} + 2\boxed{c} + 1\boxed{d}$ って、2 進法っぽい！」

僕「そうだね。2 進法 4 桁になってる。じゃあ、ここで $\boxed{d}$ を求めるにはどうすればいい？」

ユーリ「もっかい、2 で割る！」

僕「そう！ 2 で割ったときに出てきた商をさらに 2 で割る。そのときの余りが $\boxed{d}$ のはず」

ユーリ「2 で割るのを繰り返せばいーんだね！」

28　第1章　指折りビット

$$16\boxed{a} + 8\boxed{b} + 4\boxed{c} + 2\boxed{d} + 1\boxed{e} = \quad 2(\underbrace{8\boxed{a} + 4\boxed{b} + 2\boxed{c} + 1\boxed{d}}_{\text{商}}) + \underbrace{1\boxed{e}}_{\text{余り}}$$

$$8\boxed{a} + 4\boxed{b} + 2\boxed{c} + 1\boxed{d} = \quad 2(\underbrace{4\boxed{a} + 2\boxed{b} + 1\boxed{c}}_{\text{商}}) + \underbrace{1\boxed{d}}_{\text{余り}}$$

$$4\boxed{a} + 2\boxed{b} + 1\boxed{c} = \quad 2(\underbrace{2\boxed{a} + 1\boxed{b}}_{\text{商}}) + \underbrace{1\boxed{c}}_{\text{余り}}$$

$$2\boxed{a} + 1\boxed{b} = \quad 2(\underbrace{1\boxed{a}}_{\text{商}}) + \underbrace{1\boxed{b}}_{\text{余り}}$$

$$1\boxed{a} = \quad 2(\underbrace{0}_{\text{商}}) + \underbrace{1\boxed{a}}_{\text{余り}}$$

僕「余りに注目すると、$\boxed{e}, \boxed{d}, \boxed{c}, \boxed{b}, \boxed{a}$ が順番に出てくるのが
　　わかる」

ユーリ「なーるほど」

僕「実際に 39 でやってみよう。こんなふうになる」

$$39 \div 2 = 19 \text{ 余り } 1$$

$$19 \div 2 = 9 \text{ 余り } 1$$

$$9 \div 2 = 4 \text{ 余り } 1$$

$$4 \div 2 = 2 \text{ 余り } 0$$

$$2 \div 2 = 1 \text{ 余り } 0$$

$$1 \div 2 = 0 \text{ 余り } 1$$

39 を 2 進法で表す

ユーリ「余りは 1, 1, 1, 0, 0, 1 って、あれ？」

僕「1 の位から見ていることになるから、逆転させなきゃ」

ユーリ「そっか。逆にすると 1, 0, 0, 1, 1, 1 で、ちゃんと 100111 になってる！」

僕「39 を 2 進法で書くと、100111 になるということだね」

30　第1章　指折りビット

1.9　パターンの発見

　ユーリは顔の前に自分の手を近づけ、指を折っている。2進法で数える練習をしているのだろう。

ユーリ「ねーお兄ちゃん。どーして、2進法なんて考えるの？」

僕「哲学者で数学者の**ライプニッツ**は、2進法の方が**パターン**を見つけやすくなると考えたみたいだね」

ユーリ「パターン？」

僕「うん。10進法で数列を書くよりも、2進法で書いた方がパターンを見つけやすくなって、そこから数列が持つ性質を見つけやすくなるってことだよ」

ユーリ「何言ってるかわかんない」

僕「うーん……たとえば、こんな数列があるとしよう」

$$(0)_2, (1)_2, (11)_2, (111)_2, (1111)_2, (11111)_2, \ldots$$

ユーリ「1が並んでる」

僕「うん。2進法で書くと、そういうパターンを持った数列だとわかる。1が0個並び、1個並び、2個並び、3個並び……」

ユーリ「見た通り」

僕「そう。見た通りだ。2進法だとパターンを見つけやすい。ところで、この数列を10進法で書いたらどうなるだろう」

ユーリ「$(0)_2$ は0で、$(1)_2$ は1で、$(11)_2$ は3で――

$$0, 1, 3, 7, 15, 31, \ldots$$

——ってことだよね」

僕「そうだね。$0, 1, 3, 7, 15, 31, \ldots$ という数列を見ても、すぐにはどんなパターンがあるかわかりにくい。でも、2進法で表記すると、ここには規則性がありそうだぞ、とわかる」

ユーリ「どーして2進法だと規則性がわかりやすいの?」

僕「おそらく、2進法で使われている数字が0と1しかないからじゃないかな。だから、繰り返しがあることがわかりやすいのかもしれない。数を2進法で表すとき、101じゃなくて00101のように余分な0を書くことがよくあるけど、それもパターンや規則性をさらにわかりやすくするためかも」

ユーリ「2進法で1がずらっと並んでる規則性って何?」

僕「うん。

$$(0)_2, (1)_2, (11)_2, (111)_2, (1111)_2, (11111)_2, \ldots$$

という数列の一般項は、

$$2^n - 1 \qquad (n = 0, 1, 2, 3, 4, 5 \ldots)$$

というシンプルな形をしているね」

n	0	1	2	3	4	5	$\cdots$
$2^n - 1$	0	1	3	7	15	31	$\cdots$

ユーリ「あっ、でも、10進法でも似ている規則性は見えるよ! たとえば、こーゆーの。

$$0, 9, 99, 999, 9999, 99999, \ldots$$

これって全部、

$$10^n - 1 \qquad (n = 0, 1, 2, 3, 4, 5 \ldots)$$

でしょ？」

僕「確かに！」

1.10 2つの国

ユーリ「パターンが見つけやすいのは、0と1だから……？」

僕「2進法で数を表すときは、0と1の数字を使うのが普通だけど、**はっきり区別できる2種類の何か**があれば、それを数字に使うこともできるよ」

ユーリ「どーゆー意味？」

僕「指を上げるか下げるかのように2種類あればいいんだから、0は0の形でなくてもいいし、1も1の形でなくてもいいという意味」

ユーリ「そりゃそーだね。2種類の何か……たとえばオセロの石？」

僕「やってみよう。オセロの白を0に見立てて、黒を1に見立てると、たとえば、

$$(\bullet\bullet\circ\circ\bullet)_2 = (11001)_2 = (25)_{10}$$

になる。片手の5本指と同じように、オセロの石が5個あれば0から31まで表せる」

ユーリ「逆でもいーでしょ？ 黒を 0 にして、白を 1 にするの」

僕「もちろん。対応付けはどっちでもいいよ。黒を 0 にして、白を 1 にするのなら、25 は $(\bigcirc\bigcirc\bullet\bullet\bigcirc)_2$ になるね」

ユーリ「きらりーん☆ ユーリ、ひらめいちゃった！」

僕「どうした？」

ユーリ「さっきお兄ちゃんは、

- 指を上げる ←----→ 0
- 指を下げる ←----→ 1

って決めたけど、逆にしてもいーよね？ つまり、

- 指を上げる ←----→ 1
- 指を下げる ←----→ 0

ってこと」

僕「なるほど。数字の割り当てを逆にするという意味だね。もちろんいいよ。うん、それはおもしろい**クイズ**になりそうだ！」

ユーリ「クイズ？」

クイズ（指折り方法が違う 2 つの国）
0 から 31 までの数を、指を使って 2 進法で表すとき、

- A 国では、指を上げると 0 で、下げると 1
- B 国では、指を上げると 1 で、下げると 0

だとする。たとえば、

を見たとき、

- A 国では、$(01100)_2$ すなわち 12
- B 国では、$(10011)_2$ すなわち 19

となる。このことを、

$$A(\text{✋}) = (01100)_2 = 12$$
$$B(\text{✋}) = (10011)_2 = 19$$

と表すことにしよう。指の折り方を x で表すとき、A(x) と B(x) との間には、どんな関係があるか。

ユーリ「うーん……どー考えたらいーの？」

僕「《例示は理解の試金石》だから、具体的な例で考えてみよう
よ。たとえば、x = 🤟 のときはどうかな」

ユーリ「🤟 は A 国だと $2 + 1 = 3$ だよね。B 国だと——ええと、
$16 + 8 + 4 = 28$ かにゃ？」

$$A(🤟) = (00011)_2 = \underline{0} \times 2^4 + \underline{0} \times 2^3 + \underline{0} \times 2^2 + \underline{1} \times 2^1 + \underline{1} \times 2^0 = 3$$

$$B(🤟) = (11100)_2 = \underline{1} \times 2^4 + \underline{1} \times 2^3 + \underline{1} \times 2^2 + \underline{0} \times 2^1 + \underline{0} \times 2^0 = 28$$

僕「うん、いいね。他には？」

ユーリ「たとえば、✌️ は、A 国は $16 + 8 + 1 = 25$ だよね。B 国
だと……たぶん 6 になる」

$$A(✌️) = (11001)_2 = \underline{1} \times 2^4 + \underline{1} \times 2^3 + \underline{0} \times 2^2 + \underline{0} \times 2^1 + \underline{1} \times 2^0 = 25$$

$$B(✌️) = (00110)_2 = \underline{0} \times 2^4 + \underline{0} \times 2^3 + \underline{1} \times 2^2 + \underline{1} \times 2^1 + \underline{0} \times 2^0 = 6$$

僕「何か気付いた？」

ユーリ「12 と 19 でしょ。3 と 28 に、25 と 6 だから……あ、わ
かった！ 足すと 31 だ！」

僕「はい、正解！」

36　第1章　指折りビット

クイズの解答（指折り方法が違う2つの国）
A(x) と B(x) との間には、

$$A(x) + B(x) = 31$$

という関係がある。

ユーリ「ちょっと待って。✋ と 🖐 と ✌ でしか確かめてないよ」

僕「うん。✋ から 🖐 のどれでも成り立つことは**証明**できるよ」

ユーリ「しょうめい……」

僕「A国の解釈と、B国での解釈はちょうど0と1が**反転**しているよね。0と1がちょうど入れ換わっているということ。そうすると、A(x) + B(x) を計算した結果を2進法で書き表したら、必ず $(11111)_2$ になる。そして $(11111)_2 = (31)_{10}$ だ。これで証明ができた」

ユーリ「なーるほど。0と1が反転してるとき、繰り上がりは絶対に起きないんだ！」

$$
\begin{array}{ccccccc}
 & 1 & 0 & 1 & 1 & 0 \\
+ & 0 & 1 & 0 & 0 & 1 \\
\hline
 & 1 & 1 & 1 & 1 & 1 \\
\end{array}
$$

1.11　モナ・リザと変幻ピクセル

ユーリ「ほら見て見て！ できるようになった！」

　ユーリは指をぱたぱた動かして、31 まで数えてみせる。

僕「おっ、速いな！」

ユーリ「指の上げ下げ 2 進法、楽しーね！」

僕「2 進法を使えば、2 つの状態を取るものを並べて数を表せる。
　　だから、コンピュータにも使われているよね」

ユーリ「コンピュータ……」

僕「うん。スイッチのオン・オフ。ライトが光る・消える。2 つの
　　状態があれば数を扱える……そうだ、コンピュータといえば、
　　《変幻ピクセル》というイベントが来週あるんだよ。双倉図
　　書館だから、ミルカさんも来るよ。ユーリも行く？」

ユーリ「ミルカさまも来るの?! 行く行く！」

　僕は《変幻ピクセル》のパンフレットをユーリに見せた。

ユーリ「ぴくせる……って何？」

僕「ピクセルっていうのは、コンピュータのディスプレイを構成
　　している 1 個 1 個の点のことだよ。画素ともいうね。ほら、
　　小さな点がたくさん集まって絵ができるよね。ここに印刷
　　されている名画モナ・リザもそう。拡大すれば点の集まりだっ
　　てわかる。モナ・リザはもともと油絵で色も着いてるけど、
　　これはモノクロ印刷だから白と黒の点を使って表しているこ

とになるね」

モナ・リザを白黒の点で表す

ユーリ「白と黒——ってことは、モナ・リザを数で表してるんだね！」

僕「数？」

ユーリ「だってそーでしょ。2種類のもの並べれば数を表せる。白が0で、黒が1なら、○○●○●●●●○……は、001011110…になる。だったら、数じゃん！」

僕「確かにそうだね！」

"指の数を知らずに、数を数えられるか。"

第1章の問題

> 計算するときに 10 進位取り記数法を使える現代人は、
> これほど便利な数の表記法を持たなかった古代人よりも、
> はるかに有利な立場に立っています。
> ——ジョージ・ポリア [*2]

●**問題 1-1**（指の上げ下げ）

本文では指の上げ下げを使って $0, 1, 2, 3, \ldots, 31$ の 32 通りの数を 2 進法で表しました。その 32 通りのうち「人差し指を上げている」のは何通りあるでしょうか。

（解答は p.242）

[*2] George Pólya, "How to Solve It" より（筆者訳）。

40 第1章 指折りビット

●**問題 1-2**（2 進法で表す）

10 進法で表された①〜⑧の数を、2 進法で表してください。

例 $12 = (1100)_2$
① 0
② 7
③ 10
④ 16
⑤ 25
⑥ 31
⑦ 100
⑧ 128

（解答は p. 243）

第1章の問題　41

●**問題 1-3**（10 進法で表す）

2 進法で表された①〜⑧の数を、10 進法で表してください。

例 $(11)_2 = 3$

① $(100)_2$

② $(110)_2$

③ $(1001)_2$

④ $(1100)_2$

⑤ $(1111)_2$

⑥ $(10001)_2$

⑦ $(11010)_2$

⑧ $(11110)_2$

（解答は p.244）

42 第1章 指折りビット

●**問題 1-4**（16 進法で表す）

プログラミングでは 2 進法や 10 進法だけではなく 16 進法が使われることがあります。16 進法では 16 種類の数字が必要になりますので、10 から 15 まではアルファベットを使います。すなわち、16 進法で使う「数字」は、

$$0, 1, 2, 3, 4, 5, 6, 7, 8, 9, A, B, C, D, E, F$$

の 16 種類になります。以下の数を 16 進法で表記してみましょう。

例 $(17)_{10} = (11)_{16}$
例 $(00101010)_2 = (2A)_{16}$

① $(10)_{10}$

② $(15)_{10}$

③ $(200)_{10}$

④ $(255)_{10}$

⑤ $(1100)_2$

⑥ $(1111)_2$

⑦ $(11110000)_2$

⑧ $(10100010)_2$

（解答は p. 246）

●問題 1-5 ($2^n - 1$)

n は 1 以上の整数とします。n が素数ではないとき、

$$2^n - 1$$

も素数ではないことを証明してください。

ヒント:「n が素数ではない」というのは「n = 1 であるか、または n = ab を満たす 1 より大きい 2 つの整数 a と b が存在する」ことです。

(解答は p. 247)

第2章

変幻ピクセル

"点が動けば、絵も動く。"

2.1　駅にて

　あたしは**テトラ**。高校生。今日は楽しい一日になります。
電車で双倉図書館のイベントに行くからです。
　いつも数学を教えてくれる先輩と二人、駅で待ち合わせて――

ユーリ「あ、いたいた。テトラさーん！」

あたし「あれれっ、ユーリちゃん。今日はどうしたんですか？」

ユーリ「だって《変幻ピクセル》イベントに行くんでしょ？」

あたし「は、はい。そうですけど……ユーリちゃんも行くんです
　　　　ね。先輩はどうしたんでしょう」

ユーリ「お兄ちゃん、インフルエンザになっちゃった！」

あたし「ええっ！ それじゃ、お見舞いに行かなくては！」

ユーリ「うつるからだめだよー！ 二人でイベント行こ！」

あたし「そ、そう……ですね」

46　第2章　変幻ピクセル

　　——ユーリちゃんと二人、電車で移動することになりました。

ユーリ「双倉図書館に行くの、すごく久しぶり！」

あたし「そうですね。今回の《変幻ピクセル》イベントは、コンピュータのプログラムでも使われる 2 進法の話らしいですよ。いろんな展示物があって、楽しそうです」

ユーリ「テトラさんは、プログラムとか書ける？」

あたし「興味はあるので、少し勉強していますけど、まだまだです。今日は**リサ**ちゃんがナビゲートしてくれるんですよ。高校生ですけど、コンピュータやプログラミングにとっても詳しいんです」

2.2　双倉図書館にて

　双倉図書館のエントランスでは、そのリサちゃんがあたしたちを待っていました。

　彼女の髪は真っ赤。とても目立ちます。でも、彼女自身は落ち着いていて控え目で、余計なことを話しません。必要最低限のことだけを簡潔に話すんです。

　あたしとユーリちゃんは、そんなリサちゃんに導かれるまま、会場を回っていくことになりました。

リサ「スキャナとプリンタ」

　ハスキーな声でリサちゃんがあたしたちにそう言いました。

　机の上には、機械が二台並んでいます。機械といっても、どちらも手のひらくらいの大きさのミニチュアサイズです。

2.2 双倉図書館にて　47

スキャナとプリンタ

ユーリ「紙がはさまってるよ」

あたし「スキャナ(scanner)は紙に描かれた絵をスキャン(scan)する機械で、プリンタ(printer)は紙の上に絵をプリント(print)する機械ですよね。スキャナは読み取る機械で、プリンタは印刷する機械ということになります」

ユーリ「ふーん……」

あたし「ずいぶん小さな機械ですね」

リサ「16 ピクセルの最小実験キット」

あたし「？」

リサ「レイアウト 1 参照」

　リサちゃんが示す解説パネルには、スキャナとプリンタの全体図が描かれていました。

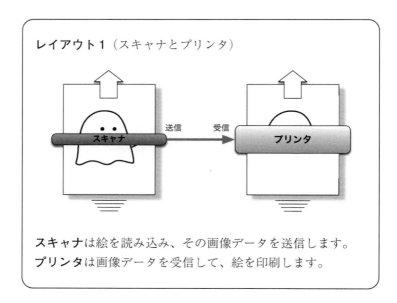

レイアウト1（スキャナとプリンタ）

スキャナは絵を読み込み、その画像データを送信します。
プリンタは画像データを受信して、絵を印刷します。

ユーリ「スキャナは紙を動かしながら読んでいくの？」

あたし「そうみたいですね。スキャナは紙をスライドしながら少しずつ絵を読んでいき、プリンタは紙をスライドしながら少しずつ印刷していくんでしょう」

リサ「解説パネル参照」

2.3 スキャナの仕組み

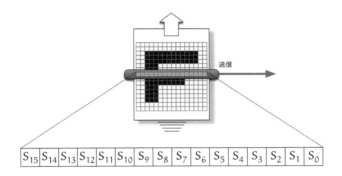

スキャナの仕組み

- スキャナには 16 個の **受光器** が並んでいます。
- それぞれの受光器は絵を読み取って、
    白ならば、0
    黒ならば、1
  という 1 ビットの画像データに変換します。
- スキャナは絵を読み取るごとに 16 ビットの画像データを送信し、紙をスライドします。
- これを 16 回繰り返します。

ユーリ「ビット?」

50 第2章 変幻ピクセル

あたし「2 進法で数を表すときの 1 つの桁が 1 ビットですね」

ユーリ「ははーん。16 個の受光器が、2 進法 16 桁の数を表すってことかー。でも、16 って中途半端な数だね」

リサ「16 は 2^4 だからキリがいい」

ユーリ「あっ、そーだった！」

リサ「スキャナのプログラムはこれ」

　リサちゃんは、スキャナを動かすプログラム SCAN を見せてくれました。

```
1:  program SCAN
2:      k ← 0
3:      while k < 16 do
4:          x ← (S₁₅S₁₄S₁₃S₁₂S₁₁S₁₀S₉S₈S₇S₆S₅S₄S₃S₂S₁S₀)₂
5:          〈x を送信する〉
6:          〈紙をスライドする〉
7:          k ← k ＋ 1
8:      end-while
9:  end-program
```

ユーリ「うわっ、めんどくさそー！」

あたし「ユーリちゃん、そんなこと言わないで、パンフレットの解説を読んでいきましょうよ。ほら、*1, 2, 3, . . .* と順番に」

2.3 スキャナの仕組み 51

1: **program** SCAN

ここから SCAN というプログラムの実行を開始します。

2: k ← 0

変数 k に 0 を**代入**します。

3: **while** k < 16 **do**

繰り返しの始まりです。ここで、条件 k < 16 が成り立つかどうか
を変数 k の現在の値を使って調べます。
- 成り立つならば、次の *4* 行目へ進みます。
- 成り立たないならば、繰り返しを抜けて *9* 行目へ進みます。

4: x ← $(S_{15}S_{14}S_{13}S_{12}S_{11}S_{10}S_9S_8S_7S_6S_5S_4S_3S_2S_1S_0)_2$

絵の読み取りを行います。受光器 S_{15} から S_0 までの 16 ビットを
2 進法 16 桁の数と見なし、その値を変数 x に代入します。

5: 〈 x を送信する 〉

変数 x の値を送信します。

6: 〈 紙をスライドする 〉

紙をスライドします。

7: k ← k + 1

変数 k の現在の値に 1 を加え、その値を変数 k に改めて代入しま
す。ここを通るたびに変数 k の値は 1 ずつ増えていきます。

8: **end-while**

繰り返しの終わりです。繰り返しが始まる *3* 行目に戻ります。

9: **end-program**

プログラムの実行を終了します。

52　第2章　変幻ピクセル

ユーリ「何回も繰り返す……」

あたし「そうですね。8 行目まで進んでは 3 行目に戻るというの
を繰り返します。こんな感じになります」

1
2

```
3  3  3  3  3  3  3  3  3  3  3  3  3  3  3  3  3
4  4  4  4  4  4  4  4  4  4  4  4  4  4  4  4
5  5  5  5  5  5  5  5  5  5  5  5  5  5  5  5
6  6  6  6  6  6  6  6  6  6  6  6  6  6  6  6
7  7  7  7  7  7  7  7  7  7  7  7  7  7  7  7
8  8  8  8  8  8  8  8  8  8  8  8  8  8  8  8
```

9

ユーリ「うわー……」

あたし「7 行目を通るたびに変数 k の値は 0 から 1 に、1 から 2
に、2 から 3 に……と 1 ずつ増えていきます」

ユーリ「7 行目って k が 1 増えるんだから、k ← k + 1 じゃなく
て、k → k + 1 じゃないの？」

あたし「そうじゃないんですよ。k ← k + 1 は、k がどう変化す
るかを書いたのではなくて、現在の k + 1 の値を調べて、そ
れを変数 k に代入するという表記法なんです」

ユーリ「へー……」

あたし「1 ずつ増えていくと、そのうちに変数 k の値が 16 にな
ります。そこで 3 行目に戻ると k < 16 は成り立っていませ
んよね。なので、繰り返しを抜けて 9 行目へ進み、実行が終

了になります」

ユーリ「テトラさん、プログラムわかってるじゃん！」

あたし「いえいえ、以前少し読んだことがあるだけですから[*1]」

リサ「入力にはこの図を使う」

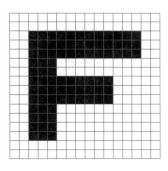

入力

ユーリ「つまり、白と黒を0と1で表すと……こーなる？」

[*1] 『数学ガール／乱択アルゴリズム』参照。

54　第2章　変幻ピクセル

あたし「そうですね」

ユーリ「2 進法 16 桁の数が 16 個！」

リサ「k の値と x の値の対応表」

k の値	x の値
0	$(0000000000000000)_2$
1	$(0000000000000000)_2$
2	$(0011111111111100)_2$
3	$(0011111111111100)_2$
4	$(0011111111111100)_2$
5	$(0011100000000000)_2$
6	$(0011100000000000)_2$
7	$(0011111111100000)_2$
8	$(0011111111100000)_2$
9	$(0011111111100000)_2$
10	$(0011100000000000)_2$
11	$(0011100000000000)_2$
12	$(0011100000000000)_2$
13	$(0011100000000000)_2$
14	$(0000000000000000)_2$
15	$(0000000000000000)_2$

2.4　プリンタの仕組み

ユーリ「プリンタもおんなじ感じ？」

あたし「プリンタは、スキャナのちょうど反対になりますよね。0
　　は白を印刷して、1 は黒を印刷します」

リサ「0 は印刷無し」

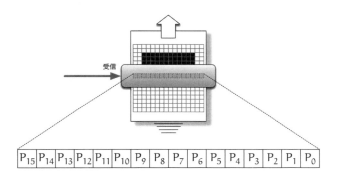

プリンタの仕組み

- プリンタには 16 個の**印刷器**が並んでいます。
- プリンタは 16 ビットのデータを受信し、それぞれの印刷器に振り分けます。
- 印刷器は与えられた 1 ビットの値に応じて、
    - 0 ならば、何もしない
    - 1 ならば、■を印刷する

    という処理を行います。
- プリンタは 16 ビット分を印刷するごとに、紙をスライドします。
- これを 16 回繰り返します。

あたし「あ、白い紙に印刷するので、0 は何もしないんですね」

56　第2章　変幻ピクセル

リサ「プリンタを動かすプログラム PRINT」

```
1:    program PRINT
2:        k ← 0
3:        while k < 16 do
4:            x ← 〈受信する〉
5:            〈x を (P₁₅P₁₄P₁₃P₁₂P₁₁P₁₀P₉P₈P₇P₆P₅P₄P₃P₂P₁P₀)₂ として印刷する〉
6:            〈紙をスライドする〉
7:            k ← k + 1
8:        end-while
9:    end-program
```

ユーリ「さっきのと似てる」

あたし「SCAN と PRINT は、紙をスライドさせながら処理を 16 回繰り返すところはそっくりですね。でも、

- SCAN では、読み込んだデータを送信する
- PRINT では、データを受信して印刷する

というところが違いますけれど」

2.5　実行してみよう

ユーリ「んー、実際にやってみたーい！　この紙をスキャナに入れるんだよね！　ユーリやる！」

リサ「プリンタには白紙を入れる」

　あたしたちは、F と描かれた入力の紙をスキャナに入れ、白紙をプリンタに入れました。すると、スキャナとプリンタが動きだし、印刷が始まりました。

ユーリ「できたー！って、これじゃコピー機だね。同じだもん」

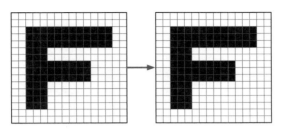

スキャナへの入力と、プリンタからの出力

リサ「間にフィルタをはさんでいないから」

ユーリ「フィルタって？」

あたし「フィルタ……？」

2.6 フィルタの仕組み

リサ「レイアウト 2 参照」

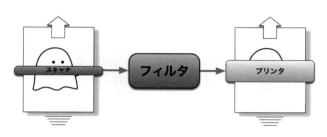

レイアウト2（フィルタ）

- スキャナとプリンタの間には**フィルタ**をはさむことができます。
- フィルタは 16 ビットの数を 16 個受信し、16 ビットの数を 16 個送信するプログラムです。
- フィルタを使って、画像を変換してみましょう。

ユーリ「どゆこと？」

あたし「なるほどです。先ほどは、スキャナとプリンタが直接つながっていましたよね。だから、スキャナが読み取ったのと同じ絵がプリンタから出てきました」

ユーリ「コピー機みたいに」

あたし「はい。でも、プリンタは受信したデータに応じて印刷するんですから、そのデータを途中で違うものに変換してしまえば、違う絵が印刷されることになります」

ユーリ「へんかん？」

2.7 2で割る 59

あたし「データを書き換えるということです。つまり違う数にしてしまうんですよ。スキャナはデータをいったんフィルタに送ります。フィルタはそれを変換してからプリンタに送ります。プリンタは、送られてきたデータを印刷します。送られてきたデータがスキャナからなのか、フィルタなのかは気にしません。素直なプリンタさん」

ユーリ「データを全部 1111111111111111 にしちゃうとか？」

あたし「ですね。それだと一面真っ黒になりますけど……」

2.7 2で割る

リサ「2で割って小数以下を切り捨てるフィルタ$\overset{\text{ディヴァイド2}}{\text{DIVIDE2}}$」

```
1:   program DIVIDE2
2:       k ← 0
3:       while k < 16 do
4:           x ← 〈受信する〉
5:           x ← x div 2
6:           〈x を送信する〉
7:           k ← k + 1
8:       end-while
9:   end-program
```

あたし「フィルタなので、〈受信する〉と〈x を送信する〉の両方が書かれてますね」

ユーリ「ねーねー、x div 2 が割り算なの？」

リサ「x div 2 は x を 2 で割って小数以下を切り捨て」

$$8 \operatorname{div} 2 = 4 \quad 8 \div 2 = 4 \text{ で、小数以下を切り捨てて } 4$$
$$7 \operatorname{div} 2 = 3 \quad 7 \div 2 = 3.5 \text{ で、小数以下を切り捨てて } 3$$

あたし「x が偶数なら x div 2 は普通の割り算になるわけですね」

ユーリ「そんで、DIVIDE2 を間にはさむと、どーなるの？ 絵が半分になるの？」

あたし「やってみましょう！」

あたしたちは、スキャナとプリンタの間にフィルタ DIVIDE2 をはさんで実行しました。

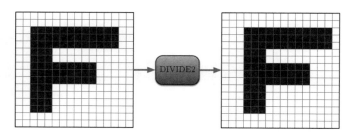

DIVIDE2 の実行結果

あたし「1 個分、右にずれましたね」

ユーリ「x div 2 という計算で、絵が動くんだ……」

2.8 1ビット右シフトする

リサ「フィルタRIGHTで1ビット右シフトしてもDIVIDE2と同じ」

```
1:  program RIGHT
2:      k ← 0
3:      while k < 16 do
4:          x ← ⟨受信する⟩
5:          x ← x ≫ 1
6:          ⟨x を送信する⟩
7:          k ← k + 1
8:      end-while
9:  end-program
```

あたし「$x \gg 1$ が1ビット右シフトなんですね」

ユーリ「待って待って。1ビット右シフトってなーに？」

リサ「x を1ビットだけ右シフトしたものが $x \gg 1$」

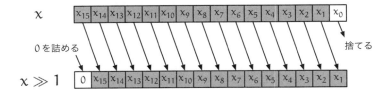

ユーリ「ははーん。右にずらすんだね」

62　第2章　変幻ピクセル

リサ「1ビット右シフトで**最上位ビット**には0が入る」

あたし「最上位ビットというのは一番左のビットのことですね」

リサ「**最下位ビット**は捨てられる」

ユーリ「$x \operatorname{div} 2$ と $x \gg 1$ が同じになるの？」

あたし「具体的な数で考えてみましょうよ。そうですね、たとえば8を2進法で表すと——」

ユーリ「2進法だと、$8 = (1000)_2$ だよ！」

　ユーリちゃんは指をささっと動かして、そう答えました。

あたし「ユーリちゃん、早いですね！」

ユーリ「へへー」

あたし「8を2で割ると4ですね。4を2進法で表すと——」

ユーリ「$4 = (100)_2$ になる。あっ、ほんとだ！　1ビット右シフトしてる！」

$$8 = (0000000000001000)_2$$
$$8 \operatorname{div} 2 = 4 = (0000000000000100)_2$$

あたし「$x = 7$ のときも試してみましょう」

$$7 = (0000000000000111)_2$$
$$7 \operatorname{div} 2 = 3 = (0000000000000011)_2$$

ユーリ「1ビット右シフトしているねー」

2.9 2ビット右シフトする

リサ「一般に $x \gg n$ が可能」

あたし「ということは、$x \gg 1$ を、$x \gg 2$ に変えたら、2 ビット
右シフトすることになりますよね」

リサ「フィルタ RIGHT2 を使う」

```
1:    program RIGHT2
2:        k ← 0
3:        while k < 16 do
4:            x ← 〈受信する〉
5:            x ← x ≫ 2
6:            〈x を送信する〉
7:            k ← k + 1
8:        end-while
9:    end-program
```

リサちゃんはフィルタを RIGHT2 に切り換えて実行しました。

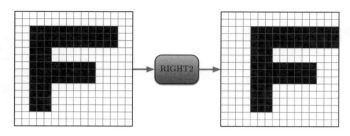

RIGHT2 の実行結果

ユーリ「ふんふん、2 個ずれているねー。ナットク」

2.10 1 ビット左シフトする

あたし「右シフトがあるなら左シフトもあるんでしょうか」

リサ「フィルタLEFT」

```
1:   program LEFT
2:       k ← 0
3:       while k < 16 do
4:           x ← ⟨受信する⟩
5:           x ← x ≪ 1
6:           ⟨x を送信する⟩
7:           k ← k + 1
8:       end-while
9:   end-program
```

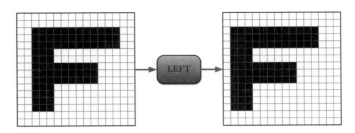

LEFT の実行結果

あたし「確かに、左に 1 個ずれましたね」

2.11 ビット反転する

ユーリ「左右に動かす以外、何かできないの？」
リサ「ビット反転のフィルタ COMPLEMENT」
　　　　　　　　　　　　コンプリメント

```
1:   program COMPLEMENT
2:       k ← 0
3:       while k < 16 do
4:           x ← ⟨受信する⟩
5:           x ← x̄
6:           ⟨x を送信する⟩
7:           k ← k + 1
8:       end-while
9:   end-program
```

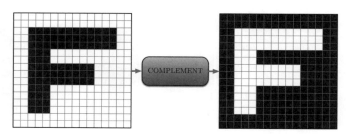

COMPLEMENT の実行結果

ユーリ「おー！ 白と黒が反対になった！」

あたし「$\bar{x}$ は、x の各ビットの 0 と 1 を反転させるんですね」

ビット反転（1 の補数）

$$\bar{0} = 1 \qquad 0 \text{ ならば、} 1$$

$$\bar{1} = 0 \qquad 1 \text{ ならば、} 0$$

リサ「$(1111111111111111)_2$ とビット単位の排他的論理和を使っても同じになる」

2.11 ビット反転する 67

```
1:   program COMPLEMENT-XOR
2:       k ← 0
3:       while k < 16 do
4:           x ← 〈受信する〉
5:           x ← x ⊕ (1111111111111111)₂
6:           〈x を送信する〉
7:           k ← k + 1
8:       end-while
9:   end-program
```

ビット単位の排他的論理和

$0 \oplus 0 = 0$ 一致すれば、0

$0 \oplus 1 = 1$ 一致しなければ、1

$1 \oplus 0 = 1$ 一致しなければ、1

$1 \oplus 1 = 0$ 一致すれば、0

あたし「なるほどです。$x \oplus 1$ というのは $\bar{x}$ と同じ結果になるんですね」

リサ「x が 1 ビットならばそう」

x	$\bar{x}$	$x \oplus 1$
0	1	1
1	0	0

ユーリ「x が 1 ビットじゃなければ？」

リサ「x が 1 ビットじゃなければ x ⊕ 1 は最下位ビットだけが反転」

ユーリ「えーと……」

リサ「ビット単位の排他的論理和だから 1 のところだけビット反転する」

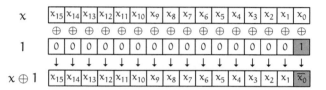

ユーリ「あっ、そゆことかー」

2.12 おやつタイム

少しくたびれてきたので、あたしたちは一休みしてクッキーを食べました。

あたし「白と黒が 0 と 1 になるっておもしろいですね。いったん 0 と 1 になってしまえば、あとは計算するだけで絵が変わるんですから」

ユーリ「2 で割って切り捨てるのと、1 ビット右シフトが同じなのは意外だったー」

あたし「2 で割って小数以下を切り捨てるということは、2 で割っ

て余りを無視するのと同じですね」

ユーリ「あれっ、そーいえば、ミルカさまは？」

リサ「インフルエンザ」

ユーリ「うちのお兄ちゃんも！　流行ってるんだねー」

リサ「……」

あたし「……」

リサ「次はクイズコーナー」

ユーリ「クイズ！」

2.13 左半分と右半分を交換する

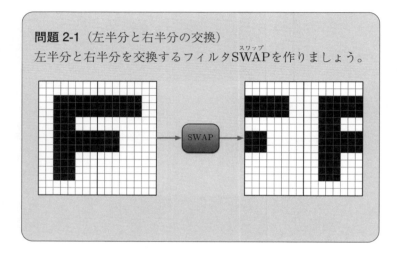

問題 2-1（左半分と右半分の交換）
左半分と右半分を交換するフィルタSWAP（スワップ）を作りましょう。

あたし「左と右を 8 ビットずつ交換すればいいんですよね……」

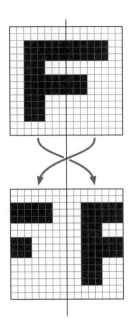

ユーリ「そんなのいままで出てきたっけ」

あたし「こういうときこそ、ポリア先生の問いかけを使うべきですね。《似た問題を知っているか》」

ユーリ「似た問題……」

あたし「$x \gg 8$ で左 8 ビットは右に移動できます」

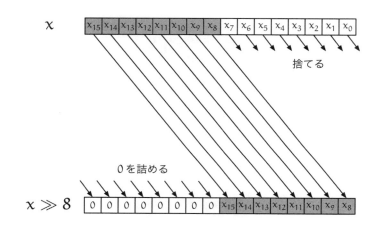

ユーリ「でもそれだと、右 8 ビットがこぼれちゃうよ！」

あたし「右 8 ビットは $x \ll 8$ で左に移動できますよ」

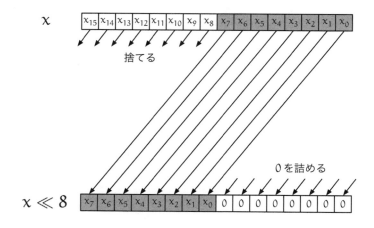

ユーリ「あとは合わせればいい……わかった！ 足し算！」

$$(x \gg 8) + (x \ll 8)$$

リサ「ビット単位の論理和でもいい」

$$(x \gg 8) \mid (x \ll 8)$$

ビット単位の論理和

$$0 \mid 0 = 0 \qquad \text{両方が 0 のときだけ 0}$$
$$0 \mid 1 = 1$$
$$1 \mid 0 = 1$$
$$1 \mid 1 = 1$$

解答 2-1（左半分と右半分の交換）

```
1:   program SWAP
2:       k ← 0
3:       while k < 16 do
4:           x ← 〈受信する〉
5:           x ← (x ≫ 8) | (x ≪ 8)
6:           〈x を送信する〉
7:           k ← k + 1
8:       end-while
9:   end-program
```

ユーリ「$(x \gg 8) + (x \ll 8)$ でも同じだよね？」

あたし「$x \gg 8$ と $x \ll 8$ は、どのビットを見てもどちらかは 0 になってますから、$(x \gg 8) \mid (x \ll 8)$ でも $(x \gg 8) + (x \ll 8)$ でも同じですね」

$$x \gg 8 \quad \boxed{0}\,\boxed{0}\,\boxed{0}\,\boxed{0}\,\boxed{0}\,\boxed{0}\,\boxed{0}\,\boxed{0}\,\boxed{x_{15}}\,\boxed{x_{14}}\,\boxed{x_{13}}\,\boxed{x_{12}}\,\boxed{x_{11}}\,\boxed{x_{10}}\,\boxed{x_{9}}\,\boxed{x_{8}}$$

$$x \ll 8 \quad \boxed{x_{7}}\,\boxed{x_{6}}\,\boxed{x_{5}}\,\boxed{x_{4}}\,\boxed{x_{3}}\,\boxed{x_{2}}\,\boxed{x_{1}}\,\boxed{x_{0}}\,\boxed{0}\,\boxed{0}\,\boxed{0}\,\boxed{0}\,\boxed{0}\,\boxed{0}\,\boxed{0}\,\boxed{0}$$

リサ「繰り上がりが起きないなら同じ」

ユーリ「繰り上がりが起きないなら……」

あたし「普通の足し算では $(1)_2 + (1)_2 = (10)_2$ と繰り上がってしまいますけど、ビット単位の論理和では $1 \mid 1 = 1$ になります。普通の足し算とビット単位の論理和の違いはそこだけなので、繰り上がりが起きないときに限り、普通の足し算とビット単位の論理和は同じ計算になるんですね」

ユーリ「あっ、そーゆーこと」

2.14 左右を反転する

リサ「次のクイズ」

2.14 左右を反転する 75

問題 2-2（左右の反転）
左右の反転を行うフィルタ REVERSE（リバース）を作りましょう。

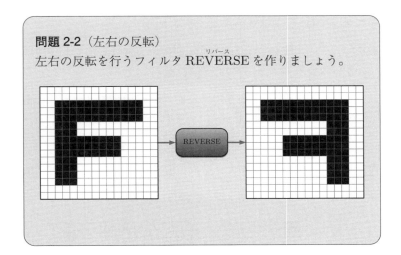

ユーリ「わかったよ、簡単！」

あたし「ユーリちゃん、早いですね！」

ユーリ「こんな感じにすればいい！」

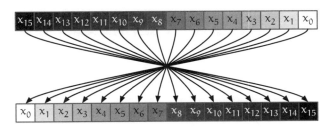

あたし「それはそうなんですけど、受信した数に対してフィルタがどういう計算をすれば、このように左右反転になるんでしょう」

ユーリ「それはねー……これから考える」

あたし「そうですね……また《似た問題を知っているか》と問いかけてみると？」

ユーリ「知ってる！ さっきのフィルタ SWAP で左 8 ビットと右 8 ビットを交換したじゃん？ それと同じよーにすればいーんだよ」

あたし「$x \gg n$ で n ビットだけ右に動かせますけど」

ユーリ「だったら、$x \gg 15$ で、左端の x_{15} は一番右に来るね！」

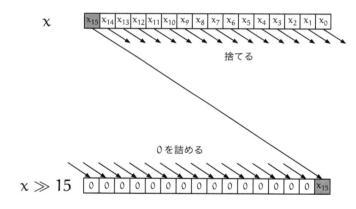

あたし「はい。x_{15} はそれでいいんですが……」

ユーリ「$x \gg 13$ にすれば、x_{14} は右から 2 番目に動くよ」

あたし「いえいえ、それじゃ、だめですよね。確かに x_{14} は右から 2 番目に動いていますけど、x_{15} や x_{13} は残ってしまいますから」

2.14 左右を反転する 77

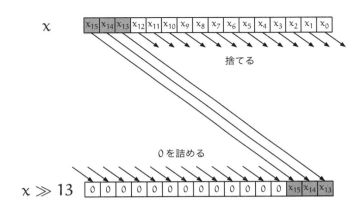

ユーリ「そっかー！ x_{14} だけが残ればいいのに」

リサ「ビット単位の論理積を使う」

ビット単位の論理積

$0 \,\&\, 0 = 0$

$0 \,\&\, 1 = 0$

$1 \,\&\, 0 = 0$

$1 \,\&\, 1 = 1$ 　　両方が1のときだけ1

あたし「ビット単位の論理積を使う——両方が1のときだけ1になる……」

ユーリ「どーやるの？」

リサ「$(0000000000000010)_2$ を使う」

あたし「わかりましたっ！ こうすれば、x_{14} だけ取り出せますね」

$x \gg 13$	0	0	0	0	0	0	0	0	0	0	0	0	0	x_{15}	x_{14}	x_{13}
	&	&	&	&	&	&	&	&	&	&	&	&	&	&	&	&
$(0000000000000010)_2$	0	0	0	0	0	0	0	0	0	0	0	0	0	0	1	0
	↓	↓	↓	↓	↓	↓	↓	↓	↓	↓	↓	↓	↓	↓	↓	↓
$(x \gg 13)\ \&\ (0000000000000010)_2$	0	0	0	0	0	0	0	0	0	0	0	0	0	0	x_{14}	0

ユーリ「1 があるところだけが残る！ なるほどー」

リサ「フィルタ REVERSE」

解答 2-2a（左右の反転）

```
 1:   program REVERSE
 2:      k ← 0
 3:      while k < 16 do
 4:          x ← 〈受信する〉
 5:          y ← (0000000000000000)₂
 6:          y ← y | ((x ≫ 15) & (0000000000000001)₂)
 7:          y ← y | ((x ≫ 13) & (0000000000000010)₂)
 8:          y ← y | ((x ≫ 11) & (0000000000000100)₂)
 9:          y ← y | ((x ≫  9) & (0000000000001000)₂)
10:          y ← y | ((x ≫  7) & (0000000000010000)₂)
11:          y ← y | ((x ≫  5) & (0000000000100000)₂)
12:          y ← y | ((x ≫  3) & (0000000001000000)₂)
13:          y ← y | ((x ≫  1) & (0000000010000000)₂)
14:          y ← y | ((x ≪  1) & (0000000100000000)₂)
15:          y ← y | ((x ≪  3) & (0000001000000000)₂)
16:          y ← y | ((x ≪  5) & (0000010000000000)₂)
17:          y ← y | ((x ≪  7) & (0000100000000000)₂)
18:          y ← y | ((x ≪  9) & (0001000000000000)₂)
19:          y ← y | ((x ≪ 11) & (0010000000000000)₂)
20:          y ← y | ((x ≪ 13) & (0100000000000000)₂)
21:          y ← y | ((x ≪ 15) & (1000000000000000)₂)
22:          〈y を送信する〉
23:          k ← k + 1
24:      end-while
25:   end-program
```

あたし「なるほど、式一つにまとめなくても構わないんですね……
　　　それにしても、すさまじい分量のプログラムです」

ユーリ「でも、2進法だからパターンが見えるよ！ 斜めに1が並
　　　んでるもん」

リサ「REVERSE-TRICKは左右反転の別解」

解答 2-2b（左右の反転）

```
 1:    program REVERSE-TRICK
 2:        M₁ ← (0101010101010101)₂
 3:        M₂ ← (0011001100110011)₂
 4:        M₄ ← (0000111100001111)₂
 5:        M₈ ← (0000000011111111)₂
 6:        k ← 0
 7:        while k < 16 do
 8:            x ← ⟨受信する⟩
 9:            x ← ((x & M₁) ≪ 1) | ((x ≫ 1) & M₁)
10:            x ← ((x & M₂) ≪ 2) | ((x ≫ 2) & M₂)
11:            x ← ((x & M₄) ≪ 4) | ((x ≫ 4) & M₄)
12:            x ← ((x & M₈) ≪ 8) | ((x ≫ 8) & M₈)
13:            ⟨x を送信する⟩
14:            k ← k + 1
15:        end-while
16:    end-program
```

あたし「これは……何をやっているんでしょう」

リサ「トリック使用」

ユーリ「ほんとーにこれで左右の反転になるの？」

あたし「2行目から、不思議な数が出てきますね。M_1 は 0 と 1 が交互になっています。M_2 は 00 と 11 が交互ですね」

ユーリ「M_4 は 0000 と 1111 がかわりばんこで、M_8 は 0 と 1 が 8 個ずつ並んでる」

あたし「9行目からの4段階で x を左右反転させているんだと思うんですが……」

ユーリ「テトラさん！ このトリック、解読したーい！」

あたし「そ、そうですね……」

あたしとユーリちゃんは、フィルタ REVERSE-TRICK を解読するため、二人で図を描きながらプログラムを読んでいって──そして、心の底から驚きました。

82 第2章 変幻ピクセル

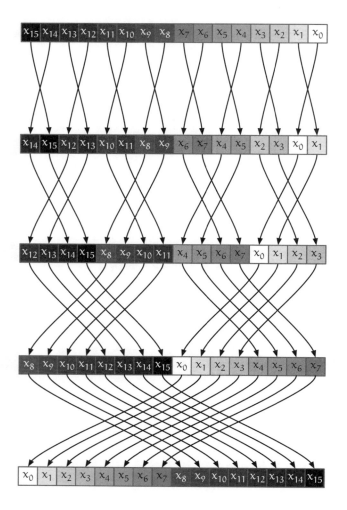

ユーリ「おもしろーい!」

あたし「ビットを交換するまとまりがだんだん大きくなってい

るんですね。1ビット単位、2ビット単位、4ビット単位、8ビット単位と……」

ユーリ「プログラムって、おもしろいにゃあ！」

2.15 フィルタを重ねる

リサ「レイアウト3参照」

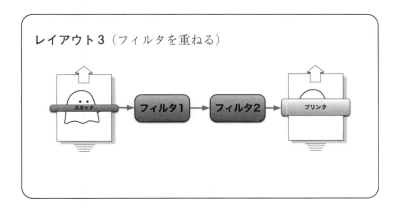

レイアウト3（フィルタを重ねる）

あたし「こういう使い方もできるんですね」

あたしたちは、フィルタ RIGHT を2個重ねてみました。

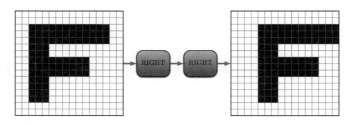

フィルタ RIGHT を 2 個重ねた

ユーリ「これって、フィルタ RIGHT2 と同じになるね」

あたし「$x \gg 1$ を 2 回繰り返したことになるので、$x \gg 2$ と同じになったんですね」

2.16 2入力のフィルタ

リサ「レイアウト 4 参照」

2.16 2入力のフィルタ

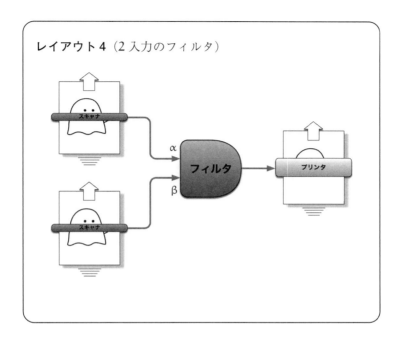

レイアウト4（2入力のフィルタ）

あたし「2入力のフィルタなんてこともできるんですかっ！」

リサ「2入力のフィルタ AND(アンド) のプログラム」

86　第2章　変幻ピクセル

```
 1:   program AND
 2:      k ← 0
 3:      while k < 16 do
 4:          a ← ⟨α から受信する⟩
 5:          b ← ⟨β から受信する⟩
 6:          x ← a & b
 7:          ⟨x を送信する⟩
 8:          k ← k + 1
 9:      end-while
10:   end-program
```

リサ「実行」

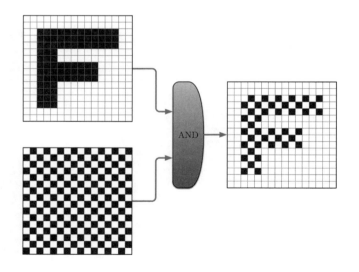

ユーリ「なっ、なんと……！」

2.17 縁取りする

ユーリ「リサ姉(ねー)って、すごーい!」

リサ「……(咳)」

ユーリ「他にもおもしろいクイズってある?」

リサ「難しいものなら」

ユーリ「教えて教えて!」

リサ「縁取(ふちど)り」

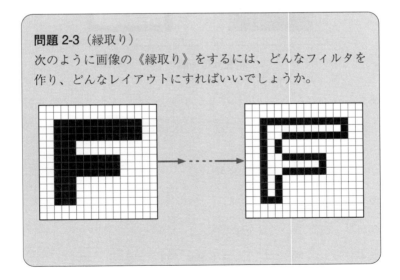

問題 2-3（縁取り）
次のように画像の《縁取り》をするには、どんなフィルタを作り、どんなレイアウトにすればいいでしょうか。

あたし「なるほどです。縁取りをするフィルタということですね」

ユーリ「どーするの?」

あたし「《似た問題を知っているか》は効くでしょうか」

ユーリ「さっきは、ビット単位の論理積を使って 1 ビットだけ残したよ。同じやり方で《縁を残す》の?」

あたし「でも、縁がどこか、調べる必要がありますね」

ユーリ「そんなの、見れば一瞬じゃん?」

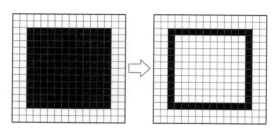

見れば一瞬?

あたし「あたしたちは見ればわかりますけど、プログラムさんは見ることができませんよね。縁がどこにあるのかは計算で見つけないと」

ユーリ「見ればすぐわかるのに?」

あたし「あたしたちはどうして、縁の場所がわかるんでしょう?」

ユーリ「白と黒の境目が縁だもん」

あたし「ということは、境目を計算で見つける……?」

ユーリ「0 と 1 が並んでるとこが境目じゃん」

あたし「そうですね……」

　あたしとユーリちゃんはしばらく考えました。

ユーリ「わかんない！」

あたし「ちょっと待ってください。あたし、何だかわかったような気がします。ビット単位の論理積を使えばできそうな……だって、ビット単位の論理積は《両方が1のときだけ1》という計算ですよね」

ユーリ「そーだけど……」

あたし「《両方が1のときだけ1》って、縁取りに使えそうな気がするんですが」

ユーリ「どーして？」

あたし「ユーリちゃんは**縁を残す**と考えましたけど、縁取りのことを**中を消す**と考えたらどうでしょう」

ユーリ「《中を消す》って……《縁を残す》と同じじゃないの？」

リサ「定義」

　リサちゃんが急に声を出したのであたしはびっくりしました。

あたし「定義……？　ああ、そうですね。**《定義にかえれ》**を忘れていました。《中》や《縁》をちゃんと定義しないと、考える土台がぐらぐらしちゃいますね。あたしが考えた《中》というのは、両隣が1になっているビット のことです。つまり、3ビット並んでいて、左と右が1になっていたときの中央、それを《中》と定義しましょう。ここです」

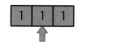

ユーリ「えー……」

あたし「《中》と《縁》と《外》をこんなふうに定義します」

《中》　それ自身は 0 でも 1 でもいいが、両隣が 1 のビット
《縁》　《中》以外で、それ自身が 1 のビット
《外》　《中》以外で、それ自身が 0 のビット

あたし「これで《中》をすべて 0 にすれば、縁取りになるんです」

ユーリ「えー、よくわかんない！」

あたし「大丈夫です。いま例を作りますね。たとえば、

$$x = 1001111110001010$$

というビットパターンで考えてみましょう。《中》を 0 にしたくなりませんか？」

2.17 縁取りする

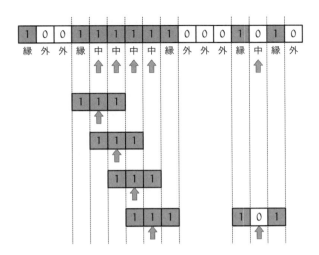

ユーリ「なーるほど！ 確かに《中》を0にしたくなる！」

あたし「もう0になってるのもありますけれど、とにかく《中》を0にすればうまく縁取りになりそうですよね」

ユーリ「そんで？ この《中》を計算で見つけるの？」

あたし「はい。ビット単位の論理積って《両方が1のときだけ1》になる計算ですよね。だから《両隣が1になっている》というビットを見つけるのに使えないかと思ったんです」

ユーリ「《中》を見つけるために……にゃるほど」

　あたしとユーリちゃんはあれこれ書きながら考えました。

あたし「……わかりましたよ！ $x \gg 1$ と、$x \ll 1$ とのビット単位の論理積を求めればいいんですよ。それで自分の両隣が1になっているかどうかがわかります！」

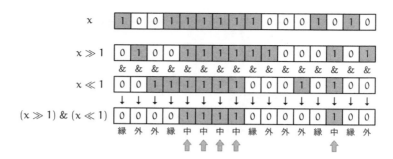

ユーリ「でも、待って、テトラさん。これじゃ《中》が1になっちゃう。《中》を消したいんだから、1じゃなくて0にしなきゃ……」

あたし「全体をビット反転するんですよ！ そうすれば《中》だけが0になります」

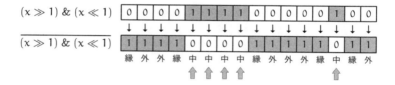

ユーリ「あっ、ダメだよー。これだと《縁》だけじゃなくて《外》まで1になっちゃう！」

あたし「大丈夫ですよ。xとビット単位の論理積を取ればいいんです！ そうすれば、《外》は0になりますから《縁》だけが残ります」

2.17 縁取りする　93

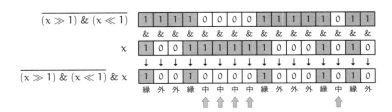

ユーリ「テトラさん、すげー！　縁取り完成！」

あたし「できました！」

あたしは思わず、ユーリちゃんとハイタッチして喜びを分かち合いました。縁取りの完成です！

リサ「そのアイディアを実装」

```
1:  program X-RIM
2:      k ← 0
3:      while k < 16 do
4:          x ← ⟨受信する⟩
5:          x ← (x ≫ 1) & (x ≪ 1) & x
6:          ⟨x を送信する⟩
7:          k ← k + 1
8:      end-while
9:  end-program
```

ユーリ「動かしてみよーっ！」

あたし「縁取りしますっ！」

94　第2章　変幻ピクセル

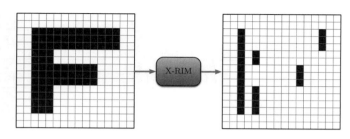

X-RIM の実行結果

ユーリ「動かしてみた……けど？」

あたし「縁取りして……ませんね」

リサ「バグ」

ユーリ「ぜんぜんダメじゃん！」

あたし「……いえ、だめじゃありません。わかりましたよ。あたしたちは《左右》しか考えていませんでした。でも、縁取りなんですから《上下左右》を考える必要があったんですよ！」

ユーリ「え？」

あたし「先ほどの X-RIM の実行結果は、《左右の縁取り》にはなっているんです。《上下の縁取り》も合わせて入れればいいんですよ」

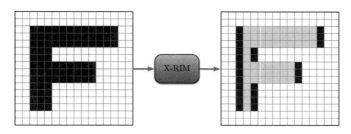

左右の縁取りになっている

ユーリ「でも、そんなのできないよ。受信したデータを変換して送信するんでしょ？ 上下を見るためには……どーするの？」

あたし「《上シフト》と《下シフト》を作るには——」

リサ「UP」

```
 1:   program UP
 2:       x ← ⟨受信する⟩
 3:       k ← 0
 4:       while k < 15 do
 5:           x ← ⟨受信する⟩
 6:           ⟨x を送信する⟩
 7:           k ← k + 1
 8:       end-while
 9:       ⟨(0000000000000000)₂ を送信する⟩
10:   end-program
```

あたし「——なるほどです。プリンタは上から順番に印刷するわけですから、《上シフト》するためには、最初に受信したデータを1個だけ読み捨てる必要があるんですね。それから、残

りの 15 個のデータをそのまま送信する。最後に空白に相当
するデータを送信する」

ユーリ「《下シフト》も同じ考えで作れるの？」

リサ「DOWN」

```
 1:   program DOWN
 2:       ⟨ (0000000000000000)₂ を送信する ⟩
 3:       k ← 0
 4:       while k < 15 do
 5:           x ← ⟨ 受信する ⟩
 6:           ⟨ x を送信する ⟩
 7:           k ← k + 1
 8:       end-while
 9:       x ← ⟨ 受信する ⟩
10:   end-program
```

あたし「あれれ？ でも、これだとフィルタはたくさんできました
が、かんじんの《縁取り》はどうすればいいんでしょう。これ
らを全部あわせたプログラムを作ることになるんですか？」

リサ「フィルタを重ねる」

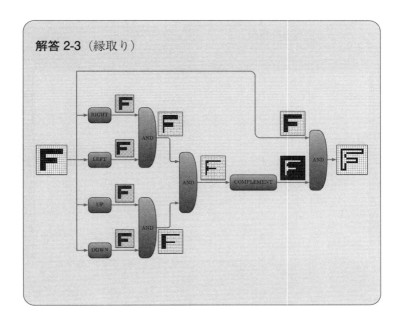

解答 2-3（縁取り）

ユーリ「え……？」

あたし「あ……！」

リサ「縁取り完成」

"絵が動くとき、点は動いているか。"

98 第2章 変幻ピクセル

第2章の問題

●問題 2-1 (場合の数)
第2章では16個のピクセルが16行並んだ白黒の絵（モノクロ画像）を扱いました。このピクセルを使って表現できるモノクロ画像は、全部で何通りあるでしょうか。

(解答は p. 249)

●問題 2-2 (ビット演算)
①～③のビット演算を行った結果を2進法4桁で表してください。

例 $(\overline{1100})_2 = (0011)_2$
① $(0101)_2 \mid (0011)_2$
② $(0101)_2 \,\&\, (0011)_2$
③ $(0101)_2 \oplus (0011)_2$

(解答は p. 250)

●問題 2-3（フィルタ IDENTITY を作る）
受信したデータをそのまま送信するフィルタIDENTITYを作ってください。フィルタ IDENTITY をスキャナとプリンタの間にはさんで実行したときの結果は以下のようになります。

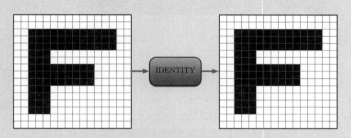

（解答は p. 251）

●**問題 2-4**(フィルタ SKEW を作る)
次のように変換するフィルタSKEW(スキュー)を作りましょう。

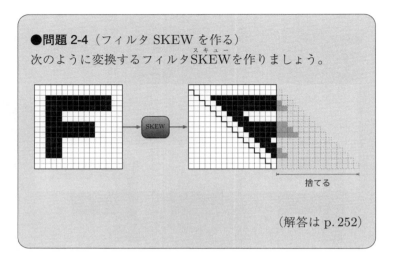

捨てる

(解答は p. 252)

●**問題 2-5**(割り算と右シフト)
第 2 章であたし(テトラちゃん)は、

$$x \gg 1 = x \operatorname{div} 2$$

という等式が成り立つことを $x = 8$ と $x = 7$ の場合について確かめただけで納得していました(p. 62)。この等式がどんな x についても成り立つことを証明してください。

ヒント: $x = (x_{15}x_{14} \cdots x_0)_2$ であることを使います。

(解答は p. 253)

第3章
コンプリメントの技法

"ドーナツを分けましょう。あなたは穴のところ、私はそれ以外で。"

3.1　僕の部屋

ユーリ「お兄ちゃん、インフル治ってよかったね！」

僕「熱が出てたいへんだったよ。《変幻ピクセル》はどうだった？」

ユーリ「すごーく楽しかったけど、ミルカさまもインフルでお休みだった……テトラさんとリサ姉が案内してくれたよ」

僕「リサねー？」

　ミルカさんは数学が得意な僕のクラスメート。中学生のユーリはミルカさんに憧れていて、いつもミルカさまと呼ぶ。
　テトラちゃんは僕の後輩。先日はいっしょにイベント会場の双倉図書館に行く予定だったけど、急に高熱になったのでろくに連絡もできず悪いことをしてしまった。
　そして、プログラミングが得意なコンピュータ少女の**リサ**。ユーリは、彼女をリサ姉と呼ぶことにしたのか。

ユーリ「リサ姉って、あんまりしゃべんないけど、とっても親切！」

102 第3章 コンプリメントの技法

僕「そうだね」

ユーリ「スキャナとフィルタとプリンタで絵をぐしゃぐしゃっと
して、縁取りしたの。計算で絵を変えたんだよ。それから、
コントローラをぱたぱた叩いてフルトリップ！とかね。い
やー、お兄ちゃんにも見せたかったよ」

僕「よくわからないけど、よっぽど楽しかったんだな」

ユーリ「あのね、リサ姉からもらってきた問題があるの。さて、
この謎はお兄ちゃんに解けるかな？」

僕「問題？」

3.2 謎の計算

ユーリはトランプくらいの大きさのカードを取り出した。

ユーリ「じゃーん！ これ、どんな計算だと思う？」

問題 3-1（どんな計算？）

$$\begin{array}{r} 0\ 0\ 1\ 1 \\ 1\ 0\ 0\ 1 \\ \hline 1\ 1\ 0\ 0 \end{array}$$

僕「2 進法での足し算だね。これは $3 + 9 = 12$ だよ」

ユーリ「言い切りましたな。では解説していただきましょー！」

僕「解説といっても——

- 0011 は、 3 を 2 進法で表したもの
- 1001 は、 9 を 2 進法で表したもの
- 1100 は、12 を 2 進法で表したもの

——だよね」

ユーリ「それで？」

僕「2 進法での足し算は、10 進法での足し算と同じ。下の位から順に足していけばいい。ただし、繰り上がりに注意する必要がある。2 進法のときは足して 2 になるごとに繰り上がりする。それは 10 進法のときに足して 10 になるごとに繰り上がりするのと同じ。この計算では 2 回繰り上がりしてるね」

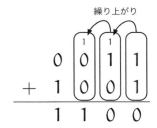

ユーリ「ふんふん？」

僕「だから、問題 3-1 は $3 + 9 = 12$ を計算している」

104　第3章　コンプリメントの技法

解答 3-1a（僕の解答）

これは $3 + 9 = 12$ を計算している。

$$
\begin{array}{cccc}
0 & 0 & 1 & 1 \\
1 & 0 & 0 & 1 \\
\hline
1 & 1 & 0 & 0
\end{array}
\qquad
\begin{array}{r}
3 \\
+\quad 9 \\
\hline
12
\end{array}
$$

ユーリ「そー思うのがシロートのあさかさ……あさかさは」

僕「噛むなよ。素人の浅はかさ？　ちょっと待った。検算する……
　　　いや、合ってるよ。ほら」

$$\boxed{0}\boxed{0}\boxed{1}\boxed{1} = \boxed{0}\cdot 2^3 + \boxed{0}\cdot 2^2 + \boxed{1}\cdot 2^1 + \boxed{1}\cdot 2^0$$
$$= 8\boxed{0} + 4\boxed{0} + 2\boxed{1} + 1\boxed{1}$$
$$= 2 + 1$$
$$= 3$$

$$\boxed{1}\boxed{0}\boxed{0}\boxed{1} = \boxed{1}\cdot 2^3 + \boxed{0}\cdot 2^2 + \boxed{0}\cdot 2^1 + \boxed{1}\cdot 2^0$$
$$= 8\boxed{1} + 4\boxed{0} + 2\boxed{0} + 1\boxed{1}$$
$$= 8 + 1$$
$$= 9$$

$$\boxed{1}\boxed{1}\boxed{0}\boxed{0} = \boxed{1}\cdot 2^3 + \boxed{1}\cdot 2^2 + \boxed{0}\cdot 2^1 + \boxed{0}\cdot 2^0$$
$$= 8\boxed{1} + 4\boxed{1} + 2\boxed{0} + 1\boxed{0}$$
$$= 8 + 4$$
$$= 12$$

ユーリ「お兄ちゃんの計算は合ってるよん。でもね、$3 + 9 = 12$ は正解の一つなのでーす。だって、1001 というビットパターンが 9 を表すとは限らないもん！」

僕「1001 が 9 を表さなかったら、何を表す？」

ユーリ「1001 は −7 を表してもいーのです！ そして 1100 は −4 を表してもいーのです！ それでも、計算合ってるう！」

106　第3章　コンプリメントの技法

解答 3-1b（ユーリの解答）
これは、$3 + 9 = 12$ を計算していると考えてもいいけれど、
$3 + (-7) = -4$ を計算していると考えてもいい。

$$
\begin{array}{cccc}
0 & 0 & 1 & 1 \\
1 & 0 & 0 & 1 \\
\hline
1 & 1 & 0 & 0
\end{array}
\qquad
\begin{array}{r}
3 \\
+ \quad 9 \\
\hline
12
\end{array}
\qquad
\begin{array}{r}
3 \\
+ \quad -7 \\
\hline
-4
\end{array}
$$

僕「1001 というビットパターンが -7 を表す……それはどういう
　　ルールなんだ？」

ユーリ「お兄ちゃんの答えは符号無しで考えてるけど、ユーリの
　　答えは符号付きで考えてるの」

僕「なるほど。-7 のような負の数も扱うということかな」

ユーリ「そーゆーこと。ユーリの答えは 4 ビットのビットパター
　　ンを使った 2 の補数表現！」

3.3　2の補数表現

僕「2 の補数表現……リサちゃんから伝授してもらったんだね。
　　ではユーリ教授に解説していただきましょう」

ユーリ「……おほん。あのね、2 の補数表現ってゆーのは、ビットパターンで整数を表す方法の一つなの。0 と 1 の並び方でマイナスも表せるんだよ」

僕「うん。それで？」

ユーリ「2 の補数表現は、この表の《符号付き》の方だよん」

ユーリはそう言いながら、また別のカードを取り出した。

ビットパターンと整数の対応表（4ビット）

ビットパターン	符号無し	符号付き
0000	0	0
0001	1	1
0010	2	2
0011	3	3
0100	4	4
0101	5	5
0110	6	6
0111	7	7
1000	8	−8
1001	9	−7
1010	10	−6
1011	11	−5
1100	12	−4
1101	13	−3
1110	14	−2
1111	15	−1

僕「この《符号付き》はどういうルールで並んでいるんだ？ 0から7まではいいけど、そこから急に −8 になって最後は −1 か……」

ユーリ「お兄ちゃん、何を考えてんの？」

僕「もちろん、この《符号付き》のルールを考えているんだよ。数が並んでいるのを見たら、どういうルールなのかを考えた

くなる。この対応表を見ると、ビットパターンが、

$$0000, 0001, 0010, 0011, 0100, 0101, 0110, 0111$$

のとき、《符号無し》と《符号付き》は同じ整数を表している。
0から7までだね。これは一番左のビットが0のときだ」

ビットパターン	符号無し	符号付き
0000	0	0
0001	1	1
0010	2	2
0011	3	3
0100	4	4
0101	5	5
0110	6	6
0111	7	7
⋮	⋮	⋮

ユーリ「そだね」

僕「ところが、ビットパターンが、

$$1000, 1001, 1010, 1011, 1100, 1101, 1110, 1111$$

のときは《符号無し》と《符号付き》とで違う整数を表して
いる。これは一番左のビットが1のとき」

ユーリ「うんうん」

ビットパターン	符号無し	符号付き
⋮	⋮	⋮
1000	8	−8
1001	9	−7
1010	10	−6
1011	11	−5
1100	12	−4
1101	13	−3
1110	14	−2
1111	15	−1

僕「だから、《一番左のビットが 1 のときに負の数を表す》ことがわかる」

ユーリ「一番左のビットは**最上位ビット**ってゆーんだよ。最上位ビットが 1 ならマイナスになるから、最上位ビットのことは**符号ビット**ってゆーときもあるの」

僕「符号ビットか、なるほど！」

ユーリ「ふふん」

僕「そういうのはリサちゃんに教わったの？」

ユーリ「そーじゃよ。ってか、リサ姉とテトラさんから」

僕「符号ビットが 1 のとき負の数を表すのはいいんだけど……ちょっと引っかかるな」

ユーリ「何が？」

僕「たとえば 3 は +3 だから、+ という符号を − に反転したら

−3 になる。ところが、3 を表す 0011 の符号ビットを反転した 1011 は −3 にならず、−5 になってしまう。つまり、符号を反転するときは、符号ビットを反転してもだめだ。それが引っかかるんだよ」

ユーリ「《符号を反転する》ときは《全ビット反転して 1 を足す》んだって」

僕「えっ？」

ユーリ「たとえばね、3 は 0011 でしょ？ これを全ビット反転すると 1100 になって、それに 1 を足すと 1101 になる。2 の補数表現では、この 1101 が −3 を表すビットパターン」

```
0011    3 を表すビットパターン
  ↓
1100    全ビット反転した
  ↓
1101    1 を足した。これが −3 を表すビットパターン
```

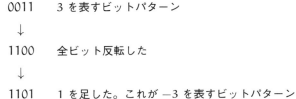

ビットパターン	符号無し	符号付き
⋮	⋮	⋮
0011	3	3
⋮	⋮	⋮
1101	13	−3
⋮	⋮	⋮

僕「おもしろそうな話だな。じゃあ、2 でやってみるよ。2 は 0010 で、全ビット反転すると 1101 で、1 を足すと 1110 だから、うん、確かに −2 を表すビットパターンになるな！」

112 第3章 コンプリメントの技法

0010 　　2 を表すビットパターン

↓

1101 　　全ビット反転した

↓

1110 　　1 を足した。これが −2 を表すビットパターン

ビットパターン	符号無し	符号付き
⋮	⋮	⋮
0010	2	2
⋮	⋮	⋮
1110	14	−2
⋮	⋮	⋮

ユーリ「へへー、すごいっしょ！ 逆もできるよ。−2 は 1110 で、全ビット反転すると 0001 で、1 を足すと 0010 で、ほら 2 に戻った」

1110 　　−2 を表すビットパターン

↓

0001 　　全ビット反転した

↓

0010 　　1 を足した。これが 2 を表すビットパターン

僕「……それもリサちゃんが教えてくれたの？」

ユーリ「うん。でもね。−8 は例外。−8 は 1000 だけど、全ビット反転すると 0111 で、1 を足すと 1000 で、また −8 に戻っちゃうの」

3.4 符号反転する理由 113

```
1000     −8 を表すビットパターン
  ↓
0111     全ビット反転した
  ↓
1000     1 を足した。これは −8 を表すビットパターン
```

ビットパターン	符号無し	符号付き
⋮	⋮	⋮
1000	8	−8

僕「例外があるんだ。まあ、それはそうか。だって −8 を符号反転するといっても、4 ビットの《符号付き》では 7 までしか表せないからなあ。8 は表せない」

ユーリ「でも、−8 以外は《全ビット反転して 1 を足す》と符号反転するよ。おもしろいよね」

僕「ところで……それはどうしてだろう」

ユーリ「は?」

3.4 符号反転する理由

僕「《全ビット反転して 1 を足す》という変わった操作で、符号反転する理由だよ」

ユーリ「知らない。今度、リサ姉に会ったときに聞いといて!」

僕「いや、これは答えを聞く問題じゃなくて、考える問題だよ」

ユーリ「そーなの？」

僕「全ビット反転して 1 を足すと、どうして符号反転するのか。これは考えればわかりそうだからね」

ユーリ「何をどー考えるんだろ」

僕「符号を反転するというのは、n から $-n$ を得ることだよね。じゃあ $-n$ はどういう数なんだろうか」

ユーリ「どーゆー数って、どーゆー意味？」

僕「どうしてそれが確かに $-n$ だといえるのか、という意味」

ユーリ「めんどくさそーな話……」

僕「いや、簡単な話。$-n$ は、n を足すと 0 になる数だよ」

$$-n + n = 0$$

ユーリ「当たり前の話……それがどーしたの」

僕「いや、まだ、わからない」

ユーリ「がっくり」

僕「$-n$ は《n を足すと 0 になる数》だから、《足す》とは何かという話になるな……」

ユーリ「もっとめんどくさそーな話……足し算は足し算じゃん？」

僕「いや、違うよ。いまは 4 ビットの範囲で考えているから、普通の足し算とは違う。だって繰り上がりが起きて 4 ビットに収まらないこともあるだろ？」

ユーリ「それ、リサ姉も言ってた。**オーバーフロー**って」

僕「オーバーフローっていうんだ」

3.5 オーバーフロー

ユーリ「たとえば、1111 と 0001 を足したら 10000 だけど、10000 だとオーバーフローして 5 ビットになっちゃう。収まらないってそーゆー意味でしょ？」

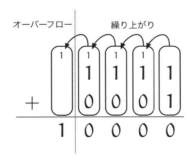

僕「そう、それそれ」

ユーリ「4 ビットで計算するときは、オーバーフローしてあふれたビットは無視するんだって」

僕「無視する？」

ユーリ「無視して、下の 4 ビットだけで考えるの。それでうまくいくよ。ほら、1111 は《符号付き》だと −1 だから、1 足して 0 になってちょーどいい」

$$\begin{array}{r} 1\ 1\ 1\ 1 \\ +\quad 0\ 0\ 0\ 1 \\ \hline \boxed{1}\ 0\ 0\ 0\ 0 \end{array} \qquad \begin{array}{r} -1 \\ +\quad 1 \\ \hline 0 \end{array}$$

僕「それだ！ 4 ビットの範囲で考えれば納得できるんだ！」

ユーリ「何が？」

僕「オーバーフローであふれたビットは無視する。そうすると、1111 は《1 を足したら 0 になる数》といえる。だから、1111 というビットパターンを −1 だと考えるのは理にかなっている。だって《1 を足したら 0 になる数》だからね」

ユーリ「え、待ってよ。じゃ、−2 は《2 を足したら 0 になる数》になってる？」

僕「なってるよ。1110 に 0010 を足したら 10000 になるから……」

ユーリ「あふれたビットを無視したら 0000 で、0 になってる！」

僕「そういうことになるね。オーバーフローであふれたビットを無視すると確かにうまくいく」

ユーリ「あれ、いまのは 1111 を −1 だと見なせるって話じゃん？」

僕「そうだね」

ユーリ「n を《全ビット反転して 1 を足す》と −n になる話はどーなったの？」

僕「おっとっと、そうだった。具体的なビットパターンでだいぶ

3.6 全ビット反転して1を足す　117

　感触はつかめたから、文字を使ってみよう」

ユーリ「文字を使う？」

3.6　全ビット反転して 1 を足す

僕「整数 n を $b_3b_2b_1b_0$ というビットパターンで表したとする」

ユーリ「4 ビットだから、4 つの数」

僕「そう。b_3, b_2, b_1, b_0 は 0 か 1 のどちらか」

ユーリ「いーよ。それで？」

僕「ビットパターン $b_3b_2b_1b_0$ を《全ビット反転》すると……」

ユーリ「$\overline{b_3}\,\overline{b_2}\,\overline{b_1}\,\overline{b_0}$ ってことだね！」

僕「なるほど、その表記法はいいな」

　　$b_3b_2b_1b_0$　　n を表すビットパターン

　　　　↓

　　$\overline{b_3}\,\overline{b_2}\,\overline{b_1}\,\overline{b_0}$　　全ビット反転した

　　　　↓

　　$c_3c_2c_1c_0$　　1 を足した。これが $-n$ を表すビットパターン……

ユーリ「で、この $c_3c_2c_1c_0$ は結局、何？」

僕「いや、まだ、わからない」

ユーリ「がっくり」

僕「なぜわからないかというと、繰り上がりが邪魔なんだよ。$\overline{b_3}\,\overline{b_2}\,\overline{b_1}\,\overline{b_0}$ に 1 を足すとき、どこでどう繰り上がりが起きるかがわからない。だから《全ビット反転して 1 を足す》結果のビットパターンもわからない」

ユーリ「繰り上がりしなきゃいいのにね」

僕「無茶なこと言うなよ。2 進法なんだから、1 + 1 が出てきたら必ず繰り上がりが起き……る?」

ユーリ「ん?」

僕「$\overline{b_3}\,\overline{b_2}\,\overline{b_1}\,\overline{b_0} + b_3 b_2 b_1 b_0$ なら、繰り上がりしないな……」

ユーリ「へ?」

僕「$\overline{b_3}\,\overline{b_2}\,\overline{b_1}\,\overline{b_0}$ は $b_3 b_2 b_1 b_0$ の全ビットを反転したものになる。だから、この 2 つを足しても繰り上がりは絶対に起きない。どの位を見ても 1 + 1 は絶対に出てこないからね」

ユーリ「そだね。それに 0 + 0 も出てこないよ。ゼッタイ」

僕「そうか! 0 + 1 と 1 + 0 しか出てこないんだ。だったら、必ず 1111 になる!」

$$
\begin{array}{crrrr}
  & \overline{b_3} & \overline{b_2} & \overline{b_1} & \overline{b_0} \\
+ & b_3 & b_2 & b_1 & b_0 \\
\hline
  & 1 & 1 & 1 & 1
\end{array}
$$

ユーリ「おおっ……」

3.6 全ビット反転して1を足す 119

僕「ということは、ビットパターンについてこんな式が成り立つ
わけだ」

$$\overline{b_3}\,\overline{b_2}\,\overline{b_1}\,\overline{b_0} + b_3 b_2 b_1 b_0 = 1111$$

ユーリ「そーだね」

僕「わかってきたぞ……両辺に 1 を足すと、これが成り立つ！」

$$\underbrace{\overline{b_3}\,\overline{b_2}\,\overline{b_1}\,\overline{b_0} + 1}_{\text{全ビット反転して 1 を足す}} + b_3 b_2 b_1 b_0 = \underbrace{10000}_{1111+1}$$

ユーリ「《全ビット反転して 1 を足す》が出てきたよ！」

僕「なかなかいいぞ。《全ビット反転して 1 を足したもの》に
$b_3 b_2 b_1 b_0$ を足すと、必ず 10000 になることがわかった。
オーバーフローした 1 を無視すれば 0000 になる！」

ユーリ「やった！ 《全ビット反転して 1 を足したもの》が $-n$
だってことじゃん！」

僕「うん。$b_3 b_2 b_1 b_0$ を《全ビット反転して 1 を足す》ことで得
られる 4 ビットは《$b_3 b_2 b_1 b_0$ を足したら 0000 になる》と
いう 4 ビットだ。これで、n を全ビット反転して 1 を足せば
$-n$ になるとわかった。オーバーフローを無視すればね」

ユーリ「《全ビット反転して 1 を足す》っておもしろいね」

僕「全ビット反転という計算は、単純だけど絶妙だなあ」

ユーリ「あー、全ビット反転って、A 国と B 国の違いじゃん！」

僕「A 国と B 国って何だっけ？」

ユーリ「指折り方法が違う 2 つの国[1]。指を折るのは 0 か、1 か」

僕「ああ、そうだね。ちょうど 0 と 1 が反転しているから、足し合わせても繰り上がりは起きないし、すべてのビットが必ず 1 になる。確かにそれと同じだ」

ユーリ「すっきりしたね！」

僕「うーん……」

ユーリ「すっきりしてないね！」

僕「オーバーフローしてあふれたビットを無視するっていうのは、操作としてはわかるんだけど、どういう計算なんだろう——って思ったんだよ」

ユーリ「あふれないで残ったビットだけを考えるんでしょ？」

僕「そうなんだけど、それってどんな計算なんだろう」

3.7 あふれを無視する意味

ユーリ「お兄ちゃんが、何に引っかかっているかわかんにゃい」

僕「たとえば、

$$1111 + 0001 = 10000$$

だったら、納得いくよ。だって、

$$(1111)_2 + (0001)_2 = (10000)_2$$

---

[1] 第 1 章参照（p.34）。

だからね。でも、オーバーフローした 1 を無視して、

$$1111 + 0001 = 0000$$

となるとちょっと……」

ユーリ「$-1 + 1 = 0$ だからいーじゃん」

僕「《符号付き》ならね。でも《符号無し》なら $15 + 1 = 0$ だよ」

ユーリ「16 が 0 になっちゃうんだ」

僕「16 が 0 になる——ああ、わかったよ。なぜ、すぐ気付かなかったんだろう。これは、**16 を法とする計算**だ！」

ユーリ「16 を……何？」

僕「16 を法とする計算。4 ビットを《符号無し》で足し算して、オーバーフローしたビットは無視するという計算は、16 を法とする計算と同じなんだよ」

ユーリ「難しくて、さっぱり意味わかんない」

僕「16 を法とする計算というのは、**16 で割った余り**に注目した計算のことだよ。ぜんぜん難しい話じゃない」

ユーリ「ほんと？」

3.8 16 を法とする計算

僕「オーバーフローして 5 ビットになっちゃった数のビットパターンを、

$$\boxed{a}\boxed{b}\boxed{c}\boxed{d}\boxed{e}$$

と表してみよう」

ユーリ「無視するビットは $\boxed{a}$ ？」

僕「そうだね。そしてこのビットパターンが《符号無し》の整数を表していると考えると、2 の冪乗を使ってこう書ける」

$$\boxed{a}\boxed{b}\boxed{c}\boxed{d}\boxed{e} = 16\boxed{a} + \underbrace{8\boxed{b} + 4\boxed{c} + 2\boxed{d} + 1\boxed{e}}_{16 \text{ で割った余り}}$$

ユーリ「ほんとだ。$\boxed{b}\boxed{c}\boxed{d}\boxed{e}$ は 16 で割った余りになってる」

僕「だから、オーバーフローしたビットを無視して 4 ビットを残すというのは、16 で割った余りを考えているんだね」

ユーリ「ちょっと待って。わかんなくなった。$\boxed{b}\boxed{c}\boxed{d}\boxed{e}$ が 16 で割った余りなのはわかったけど、それって《符号無し》で考えてるよね。《符号付き》のときは 4 ビットでプラスもゼロもマイナスも表せるよ。でも 16 で割った余りってマイナスにならない……」

僕「うん、そうだね。でもそれは余りの範囲をずらしているだけなんだよ。《符号無し》では $0, 1, 2, \dots, 15$ の範囲」

0000	$\cdots$	-48	-32	-16	0	16	32	48	$\cdots$
0001	$\cdots$	-47	-31	-15	1	17	33	49	$\cdots$
0010	$\cdots$	-46	-30	-14	2	18	34	50	$\cdots$
0011	$\cdots$	-45	-29	-13	3	19	35	51	$\cdots$
0100	$\cdots$	-44	-28	-12	4	20	36	52	$\cdots$
0101	$\cdots$	-43	-27	-11	5	21	37	53	$\cdots$
0110	$\cdots$	-42	-26	-10	6	22	38	54	$\cdots$
0111	$\cdots$	-41	-25	-9	7	23	39	55	$\cdots$
1000	$\cdots$	-40	-24	-8	8	24	40	56	$\cdots$
1001	$\cdots$	-39	-23	-7	9	25	41	57	$\cdots$
1010	$\cdots$	-38	-22	-6	10	26	42	58	$\cdots$
1011	$\cdots$	-37	-21	-5	11	27	43	59	$\cdots$
1100	$\cdots$	-36	-20	-4	12	28	44	60	$\cdots$
1101	$\cdots$	-35	-19	-3	13	29	45	61	$\cdots$
1110	$\cdots$	-34	-18	-2	14	30	46	62	$\cdots$
1111	$\cdots$	-33	-17	-1	15	31	47	63	$\cdots$

ユーリ「何この表」

僕「16 で割ったときの余りで整数を分類した表だよ。上の行から順に余りが 0 になる整数、余りが 1 になる整数と続いて、そして一番下の行は余りが 15 の整数の集まり。灰色の背景になっている数は、各行の代表選手——要するに余りだよ」

ユーリ「ふーん」

僕「それでね。各行からの代表選手の選び方を少しずらしてやると $-8, -7, -6, \ldots, 7$ の範囲にできる」

124 第3章 コンプリメントの技法

0000	···	−48	−32	−16	0	16	32	48	···
0001	···	−47	−31	−15	1	17	33	49	···
0010	···	−46	−30	−14	2	18	34	50	···
0011	···	−45	−29	−13	3	19	35	51	···
0100	···	−44	−28	−12	4	20	36	52	···
0101	···	−43	−27	−11	5	21	37	53	···
0110	···	−42	−26	−10	6	22	38	54	···
0111	···	−41	−25	−9	7	23	39	55	···
1000	···	−40	−24	−8	8	24	40	56	···
1001	···	−39	−23	−7	9	25	41	57	···
1010	···	−38	−22	−6	10	26	42	58	···
1011	···	−37	−21	−5	11	27	43	59	···
1100	···	−36	−20	−4	12	28	44	60	···
1101	···	−35	−19	−3	13	29	45	61	···
1110	···	−34	−18	−2	14	30	46	62	···
1111	···	−33	−17	−1	15	31	47	63	···

ユーリ「ほほー」

僕「4 ビットで整数を表して、足し算でオーバーフローしたビットを無視するというのは、16 を法とする計算をしていることになるんだね。《符号無し》は 4 ビットで $0, 1, 2, 3, \ldots, 15$ を表して、《符号付き》は 8 以上の数から 16 を引いて負の数を表している」

3.9　謎の式

ユーリ「そーいえば、こんな問題もリサ姉からもらったよ」

3.9 謎の式　125

> **問題 3-2**（謎の式）
>
> $$n \ \& \ -n$$

僕「$n \ \& \ -n$ は……？」

ユーリ「これが何を表すか、わかるかにゃ？」

僕「いやいや、この & はどんな演算子？」

ユーリ「そっか、& は《ビット単位の論理積》だよ。こーゆーの」

ビット単位の論理積

$$0 \ \& \ 0 = 0$$
$$0 \ \& \ 1 = 0$$
$$1 \ \& \ 0 = 0$$
$$1 \ \& \ 1 = 1 \qquad \text{両方が 1 のときだけ 1}$$

僕「ああ、なるほど。両方が 1 のときだけ 1 になるということは、0 を偽、1 を真としたときの論理積 $\wedge$ と同じだね」

126 第3章 コンプリメントの技法

論理積

$$偽 \land 偽 = 偽$$
$$偽 \land 真 = 偽$$
$$真 \land 偽 = 偽$$
$$真 \land 真 = 真 \qquad 両方が \mathbf{真} のときだけ \mathbf{真}$$

ユーリ「そーだけど、それをビットごとに計算するの」

僕「ということは、たとえば 1100 & 1010 = 1000 かな。同じ位置のビットが 1 のときだけ、計算結果が 1 なんだよね」

$$
\begin{array}{r}
 1\ 1\ 0\ 0 \\
\&\ 1\ 0\ 1\ 0 \\
\hline
1\ 0\ 0\ 0
\end{array}
$$

ユーリ「そーゆーこと。で、n & −n は何だと思う？」

僕「−n は、n の《全ビットを反転して 1 を足す》という計算だね？」

ユーリ「そだよ。ねー、答えわかった？」

僕「とりあえずやることは決まってるよ」

ユーリ「おっ、もーわかったの？」

僕「まさか。《小さな数で試す》というセオリーに従う。まずは例をいくつか作って考えなくちゃ、何もわからないからね。

たとえば、$n = 0110$ のときの $-n$ は、全ビット反転して 1 足した 1010 になる。

$$n = 0110$$
$$-n = 1010$$

で $n \mathbin{\&} -n = 0110 \mathbin{\&} 1010$ を計算すると——

$$
\begin{array}{ccccc}
  & 0 & 1 & 1 & 0 \\
\& & 1 & 0 & 1 & 0 \\
\hline
  & 0 & 0 & 1 & 0
\end{array}
$$

——だから $n = 0110$ に対して $n \mathbin{\&} -n = 0010$ となるね。でも、だから何なんだ？」

ユーリ「お兄ちゃん！ $n \mathbin{\&} -n$ が何だかわかった？」

僕「$n = 0110$ で試したばかりだから、まだ何にもわからないよ。ユーリはリサちゃんから答えを聞いてるの？」

ユーリ「もちろん！ あのね、$n \mathbin{\&} -n$ はね——」

僕「ちょっと待った！ そんなに答えを急ぐなよ。考えるから」

ユーリ「ちぇっ！」

僕「今度は $n = 0000$ で考えてみる。n も $-n$ も 0000 だから、ビット単位の論理積は 0000 になる。つまり $n = 0000$ のとき、$n \mathbin{\&} -n = 0000$ といえる」

128 第3章 コンプリメントの技法

```
┌──────────────────────────────────────────────┐
│                                                │
│   n & −n を求める（n = 0000 の場合）            │
│                                                │
│                    0   0   0   0               │
│               &    0   0   0   0               │
│              ─────────────────────             │
│                    0   0   0   0               │
│                                                │
└──────────────────────────────────────────────┘
```

ユーリ「ねーねー……」

僕「次に $n = 0001$ のときは、$-n = 1111$ だから、ビット単位の論理積は 0001 になる」

```
┌──────────────────────────────────────────────┐
│                                                │
│   n & −n を求める（n = 0001 の場合）            │
│                                                │
│                    0   0   0   1               │
│               &    1   1   1   1               │
│              ─────────────────────             │
│                    0   0   0   1               │
│                                                │
└──────────────────────────────────────────────┘
```

ユーリ「……ねー、わかった？」

　僕は、答えを言いたくてしょうがないユーリをかわしながら、$n = 0000, 0001, \ldots$ と計算を続けていった。

n	$-n$	n & $-n$
0000	0000	0000
0001	1111	0001
0010	1110	0010
0011	1101	0001
0100	1100	0100
0101	1011	0001
0110	1010	0010
0111	1001	0001
1000	1000	1000
⋮	⋮	⋮

僕「……」

ユーリ「わかった？」

僕「やはり《小さな数で試す》というセオリーは正しいな。だいぶパターンが見えてきたよ。$n = 0000$ を除いて考えると、n & $-n$ の結果で 1 になるビットは 1 個だけだ！」

130 第3章 コンプリメントの技法

n	$-n$	n & $-n$
0000	0000	0000
0001	1111	0001
0010	1110	0010
0011	1101	0001
0100	1100	0100
0101	1011	0001
0110	1010	0010
0111	1001	0001
1000	1000	1000
⋮	⋮	⋮

ユーリ「ねねね、お兄ちゃん。もっとバシッと答えてよ！」

僕「？」

ユーリ「n & $-n$ は《ナントカ》だ！ みたいに」

僕「無茶を言うなあ……」

　僕は表をにらんで考える。n & $-n$ は何を表してる？

ユーリ「ねねね、ねーねー！ 答え言ってもいい？」

僕「いや、まだまだ……」

　1 になるビットが 1 個だけというのは、整数としてはどういう意味を持つのか……そうか、2 進法の 1 つの桁だけが 1 なんだから《2 の冪乗》になるんだ。2^m という形で書ける。うーん、表をにらむだけじゃだめだな。10 進法で書き直してみよう。n という数と n & $-n$ という数をよく比べられるように……

n	n & $-n$	n	n & $-n$
0000	0000	0	0
0001	0001	1	1
0010	0010	2	2
0011	0001	3	1
0100	0100	4	4
0101	0001	5	1
0110	0010	6	2
0111	0001	7	1
1000	1000	8	8
1001	0001	9	1
1010	0010	10	2
1011	0001	11	1
1100	0100	12	4
1101	0001	13	1
1110	0010	14	2
1111	0001	15	1

僕「わかってきたぞ。こんなふうにまとめてみればはっきりする」

$n = 0$ のとき、　　　　　　　　n & $-n = 0$ になる。

$n = 1, 3, 5, 7, 9, 11, 13, 15$ のとき、　n & $-n = 1$ になる。

$n = 2, 6, 10, 14$ のとき、　　　n & $-n = 2$ になる。

$n = 4, 12$ のとき、　　　　　　n & $-n = 4$ になる。

$n = 8$ のとき、　　　　　　　　n & $-n = 8$ になる。

ユーリ「……?」

僕「答えはこうだね、ユーリ」

132 第3章 コンプリメントの技法

> **解答 3-2a**(僕の答え)
>
> 整数 n に対して、
>
> $$n \,\&\, -n = \begin{cases} 0 & n = 0 \text{ のとき} \\ 2^m & n \neq 0 \text{ のとき} \end{cases}$$
>
> が成り立つ。ここで m は、
>
> $$n = 2^m \cdot \text{奇数}$$
>
> を満たす 0 以上の整数である。

ユーリ「え? どゆ意味?」

僕「その通りの意味だよ。整数 n は 0 じゃないとしよう。そのとき n は《 2 の冪乗》と《奇数》の積の形に書ける。それが、

$$n = \underbrace{2^m}_{2 \text{ の冪乗}} \cdot \text{奇数}$$

という式でいいたいこと。2^m が《 2 の冪乗》だね。n を素因数分解したときに、2^m という形で 2 の何乗が出てくるかを考えているといってもいい。そして僕たちが調べている謎の式 $n \,\&\, -n$ は、その 2^m に等しいんだ。つまり、

$$n \,\&\, -n = 2^m$$

ということ」

ユーリ「待って待ってわかんないわかんない!」

僕「$n \,\&\, -n$ は**整数 n を割り切る最大の《 2 の冪乗》**を表すんだ。

具体的に見ればすぐわかるよ。いいかい——」

$n = 1$ は、$2^0 = \boxed{1}$ で割り切れるけど、$2^1 = 2$ では割り切れない。
$n = 2$ は、$2^1 = \boxed{2}$ で割り切れるけど、$2^2 = 4$ では割り切れない。
$n = 3$ は、$2^0 = \boxed{1}$ で割り切れるけど、$2^1 = 2$ では割り切れない。
$n = 4$ は、$2^2 = \boxed{4}$ で割り切れるけど、$2^3 = 8$ では割り切れない。
$n = 5$ は、$2^0 = \boxed{1}$ で割り切れるけど、$2^1 = 2$ では割り切れない。
$n = 6$ は、$2^1 = \boxed{2}$ で割り切れるけど、$2^2 = 4$ では割り切れない。
$n = 7$ は、$2^0 = \boxed{1}$ で割り切れるけど、$2^1 = 2$ では割り切れない。
$n = 8$ は、$2^3 = \boxed{8}$ で割り切れるけど、$2^4 = 16$ では割り切れない。
$n = 9$ は、$2^0 = \boxed{1}$ で割り切れるけど、$2^1 = 2$ では割り切れない。
$n = 10$ は、$2^1 = \boxed{2}$ で割り切れるけど、$2^2 = 4$ では割り切れない。
$n = 11$ は、$2^0 = \boxed{1}$ で割り切れるけど、$2^1 = 2$ では割り切れない。
$n = 12$ は、$2^2 = \boxed{4}$ で割り切れるけど、$2^3 = 8$ では割り切れない。
$n = 13$ は、$2^0 = \boxed{1}$ で割り切れるけど、$2^1 = 2$ では割り切れない。
$n = 14$ は、$2^1 = \boxed{2}$ で割り切れるけど、$2^2 = 4$ では割り切れない。
$n = 15$ は、$2^0 = \boxed{1}$ で割り切れるけど、$2^1 = 2$ では割り切れない。

ユーリ「……」

僕「ほら、$1, 2, 1, 4, 1, 2, 1, \ldots$ という数列が出てくる。この 2^m が $n \mathbin{\&} -n$ の正体だ!」

n	$= 2^m \cdot$ 奇数	2^m	$n \ \& \ -n$
1	$= 2^0 \cdot 1$	$2^0 = 1$	1
2	$= 2^1 \cdot 1$	$2^1 = 2$	2
3	$= 2^0 \cdot 3$	$2^0 = 1$	1
4	$= 2^2 \cdot 1$	$2^2 = 4$	4
5	$= 2^0 \cdot 5$	$2^0 = 1$	1
6	$= 2^1 \cdot 3$	$2^1 = 2$	2
7	$= 2^0 \cdot 7$	$2^0 = 1$	1
8	$= 2^3 \cdot 1$	$2^3 = 8$	8
9	$= 2^0 \cdot 9$	$2^0 = 1$	1
10	$= 2^1 \cdot 5$	$2^1 = 2$	2
11	$= 2^0 \cdot 11$	$2^0 = 1$	1
12	$= 2^2 \cdot 3$	$2^2 = 4$	4
13	$= 2^0 \cdot 13$	$2^0 = 1$	1
14	$= 2^1 \cdot 7$	$2^1 = 2$	2
15	$= 2^0 \cdot 15$	$2^0 = 1$	1

ユーリ「ユーリの答えと違う……」

僕「ユーリの答えって？」

ユーリ「これ。リサ姉から教わったの」

解答 3-2b（ユーリの答え）

$n \ \& \ -n$ は、n のビットパターンから、

《右端の 1 だけを残したもの》

になる。

僕「右端の 1 だけ残したものってどういう意味だろう」

ユーリ「その通りの意味だよー。たとえば、$n = 0110$ だとする
じゃん？ 0110 のうち、右端の 1 だけ残して後はぜんぶ 0 に
しちゃうんだよ。そーしたら、ほら 0010 になる！ 表にして
みよっか？」

n	0000	0001	0010	0011	0100	0101	0110	0111
$n \, \& \, -n$	0000	0001	0010	0001	0100	0001	0010	0001

n	1000	1001	1010	1011	1100	1101	1110	1111
$n \, \& \, -n$	1000	0001	0010	0001	0100	0001	0010	0001

僕「本当だな」

ユーリ「お兄ちゃんとユーリの答え、どっちが間違い？」

僕「うーん……いやいや、僕の答えもユーリの答えもどちらも正
しい。だって、言い方は違うけど、同じことを言ってるから」

ユーリ「ぜんぜん違うみたいに見える」

僕「僕は n がどんな数で割りきれるかという**値**の性質に注目して
答えたけど、ユーリは n の**ビットパターン**の性質に注目して
答えたよね。だから違うように見えるだけだよ」

ユーリ「えー、そっかなー」

僕「そうだよ。n のビットパターンで『ここが右端の 1 だ』とは
どういうことか」

ユーリ「ビットパターンを右端から見て、最初の 1 ってこと」

僕「そうだね。それで《右端の 1 だけを残す》のは何をすること
かというと、ビットパターンに応じて、

$$***1 \quad **10 \quad *100 \quad 1000$$
$$\downarrow \qquad \downarrow \qquad \downarrow \qquad \downarrow$$
$$0001 \quad 0010 \quad 0100 \quad 1000$$

というビットパターンを得ることだ」

ユーリ「うん、わかる。* は 0 か 1 なんでしょ？」

僕「そう。そして、得たビットパターンの値を考えてみると、

$$n = 2^m \cdot \textbf{奇数}$$

としたときの 2^m に等しいんだよ」

ユーリ「うー、なんでだー」

僕「ビットパターンを $\boxed{a}\boxed{b}\boxed{c}\boxed{d}$ だと考えればすぐわかるよ」

$$\boxed{a}\boxed{b}\boxed{c}\boxed{1} = 8\boxed{a} + 4\boxed{b} + 2\boxed{c} + 1\boxed{1}$$
$$= \underbrace{1}_{2^0} \cdot (\underbrace{8\boxed{a} + 4\boxed{b} + 2\boxed{c} + 1\boxed{1}}_{\text{奇数}})$$

$$\boxed{a}\boxed{b}\boxed{1}\boxed{0} = 8\boxed{a} + 4\boxed{b} + 2\boxed{1} + 1\boxed{0}$$
$$= \underbrace{2}_{2^1} \cdot (\underbrace{4\boxed{a} + 2\boxed{b} + 1\boxed{1}}_{\text{奇数}})$$

$$\boxed{a}\boxed{1}\boxed{0}\boxed{0} = 8\boxed{a} + 4\boxed{1} + 2\boxed{0} + 1\boxed{0}$$
$$= \underbrace{4}_{2^2} \cdot (\underbrace{2\boxed{a} + 1\boxed{1}}_{\text{奇数}})$$

$$\boxed{1}\boxed{0}\boxed{0}\boxed{0} = 8\boxed{1} + 4\boxed{0} + 2\boxed{0} + 1\boxed{0}$$
$$= \underbrace{8}_{2^3} \cdot (\underbrace{1\boxed{1}}_{\text{奇数}})$$

ユーリ「2 をできるだけくくり出したんだ！ 納得！」

僕「そうそう！」

3.10 無限ビットパターン

ユーリ「あっ、違う、いまのなし。納得できなーい！」

僕「がく。どこが納得できない？」

ユーリ「お兄ちゃんの答えとユーリの答えが同じなのはわかった
けど、$n \mathbin{\&} -n$ がどうして $n = 2^m \cdot$ **奇数** の 2^m になるの？」

僕「そこまで戻るのか。$n = 0, 1, 2, 3, \ldots, 15$ で調べたよね」

ユーリ「でも 4 ビットのときだけじゃん」

僕「……」

ユーリ「小さい n で試すのはいーけど、n がどんなに大きくても、うまく 2^m になるの？ お兄ちゃんがいつも言ってることじゃん。証明しなくちゃ、予想にすぎない」

僕「確かにそうだ。証明しなくちゃ、予想にすぎない」

ユーリ「お兄ちゃんは $n = 2^m \cdot$ 奇数 という形になるっていうけど、《n & $-n$ の結果が、その 2^m に相当する》かどうかは、試した範囲でしか、わかってないじゃん」

僕「ユーリの言う通りだ。だったら、4 ビットの制限をやめればわかるはず。たとえば、左に伸びる**無限ビットパターン**を考えてみよう」

ユーリ「無限ビットパターン!?」

僕「うん。たとえば、

$$n = \cdots 00000000000001001110100000$$

みたいなビットパターンを考えてみよう」

ユーリ「ほほー！」

僕「この n を全ビット反転した $\bar{n}$ のビットパターンはすぐわかるよね」

$$n = \cdots 0000000000000010011101000000$$

$$\bar{n} = \cdots 1111111111111101100010111111$$

ユーリ「なーるほど。左で《無限に並ぶ 0》をぜんぶ反転すると《無限に並ぶ 1》になるわけね」

僕「そうだね。右端も見よう。n で右端にある《0 の列》は全部《1 の列》になる。この例でいえば、右端の 000000 が 111111 になる」

$$n = \cdots 0000000000000010011101\boxed{000000}$$

$$\bar{n} = \cdots 1111111111111101100010\boxed{111111}$$

ユーリ「うん……」

僕「ここで $\bar{n}$ に 1 を足すと $-n$ のビットパターンになるんだけど、そのとき繰り上がりが起きる」

ユーリ「$\bar{n}$ に 1 を足すと、繰り上がりが続くよね」

僕「そう。$\bar{n}$ の右端に 1 が続く限り、繰り上がりも続く」

$$n = \cdots 00000000000000100111 0 1000000$$

$$\bar{n} = \cdots 11111111111110110001 0 111111$$

$$-n = \bar{n} + 1 = \cdots 11111111111110110001 1 000000$$

繰り上がりがストップする場所

ユーリ「ははーん……」

僕「《繰り上がりがストップする場所》はどこかというと、

　　　　　$\overline{n}$ を右端から見て、最初の 0 の場所

　になる。これは言い換えると、

　　　　　n を右端から見て、最初の 1 の場所

　だね」

ユーリ「右端の 1 じゃん！」

僕「n と $-n$ とを使ってビット単位の論理積を計算すると——」

ユーリ「《繰り上がりがストップする場所》だけが 1 になるんだ！」

$$n = \cdots 0000000000000100111010000000$$

$$-n = \overline{n} + 1 = \cdots 1111111111111011000110000000$$

$$n \mathbin{\&} -n = \cdots 0000000000000000000001000000$$

僕「その通りだね。《繰り上がりがストップする場所》より左にあるビットはどれも、反転したビット同士の $\&$ を取ることになるから、ぜんぶ 0 だ」

ユーリ「うんうん」

僕「そして《繰り上がりがストップする場所》より右にあるビットはどれも、繰り上がりで 0 になったビットとの $\&$ を取って、ぜんぶ 0 になる」

ユーリ「だから、$n \mathbin{\&} -n$ で右端の 1 だけが残るといえる！」

僕「そうだね」

ユーリ「リサ姉ってすごい！」

僕「え？」

ユーリ「え？」

"二人で分けましょう。あなたは私以外のところ、私はそれ以外で。"

142　第3章　コンプリメントの技法

第3章の問題

●**問題 3-1**（整数を 5 ビットで表す）

「ビットパターンと整数の対応表（4 ビット）」（p. 108）の
5 ビット版を作ってください。

ビットパターン	符号無し	符号付き
00000	0	0
00001	1	1
00010	2	2
00011	3	3
⋮	⋮	⋮

（解答は p. 255）

第3章の問題　143

●問題 3-2（整数を 8 ビットで表す）
次の表は「ビットパターンと整数の対応表（8 ビット）」の一
部です。空欄を埋めてください。

ビットパターン	符号無し	符号付き
00000000	0	0
00000001	1	1
00000010	2	2
00000011	3	3
⋮	⋮	⋮
☐	31	☐
☐	32	
⋮	⋮	⋮
01111111	☐	☐
10000000	☐	☐
⋮	⋮	⋮
☐	☐	−32
☐	☐	−31
⋮	⋮	⋮
11111110	☐	☐
11111111	☐	☐

（解答は p. 257）

144　第3章　コンプリメントの技法

●**問題 3-3**（2 の補数表現）

4 ビットの場合、2 の補数表現は、

$$-8 \leqq n \leqq 7$$

という不等式を満たす整数 n をすべて表すことができます。
N ビットの場合、2 の補数表現が表すことができる整数 n の
範囲を上と同様の不等式で表してください。ただし、N は正
の整数とします。

（解答は p. 259）

●**問題 3-4**（オーバーフロー）

4 ビットを用い、整数を符号無しで表します。《全ビット反転
して 1 を足す》という計算でオーバーフローが起きる整数は
何個ありますか。

（解答は p. 260）

●**問題 3-5**（符号反転で不変なビットパターン）
4ビットのビットパターンのうち、《全ビットを反転して1を足し、オーバーフローしたビットは無視する》という操作によって不変なビットパターンをすべて見つけてください。

（解答は p. 260）

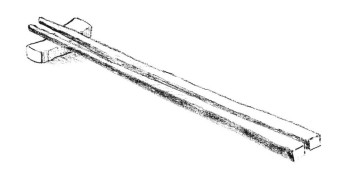

第4章
フリップ・トリップ

"裏の裏は表になるか。"

4.1 双倉図書館

　ここは双倉（ならびくら）図書館。

　僕は今日、ミルカさんから呼び出されてここに来た。とっくに《変幻ピクセル》のイベントは終わったから、もう何もないはずなんだけどな。実際、エントランスにはほとんど人はいないし……

　イベントホールに入ると、大きなスクリーンにオセロゲームを切り取ったような映像が映っていた。

　8個の石が並び、くるくると白黒反転を繰り返している。

　スクリーンの前にはコントローラを操作している**ミルカさん**が立っていた。隣には**リサ**もいる。

　長い黒髪のミルカさんと赤い髪のリサ。二人並んでスクリーンを見上げている。

僕「ねえ、何をしてるの？」

ミルカ「おっと」

エラー音が鳴り、スクリーンにERROR!と表示された。

リサ「集中力不足」

ミルカ「ちょうどいい。彼も来たし、休憩にしよう」

ミルカさんはリサにそう言い、僕を見て微笑んだ。

僕「二人でゲームをしてたんだね」

ミルカ「いや、これは一人ゲーム。**フリップ・トリップ**だ。単純だが、おもしろい」

僕「フリップ・トリップ?」

ミルカ「私は《変幻ピクセル》に参加しなかったからな。君も参加できなかっただろう? リサにもう一度機材を出してもらった。いっしょに遊ぼう」

リサ「迷惑」

ぶっきらぼうだけど、リサが言うと迷惑そうに聞こえないな。僕は、可動式ワゴンに乗せたコンピュータとコントローラの接続をチェックしているリサに近づいた。

僕「《変幻ピクセル》の話、ユーリから聞いたよ。リサちゃんからコンピュータのことを教えてもらったってすごく喜んでた」

リサ「《ちゃん》は不要。大したことは言ってない」

リサはハスキーな声でそう言うと、軽く咳をした。

4.2 フリップ・トリップ

僕「それで、フリップ・トリップって、どういうゲーム？」

ミルカ「石が8個の《フリップ・トリップ8》は難しすぎるから、石を4個にしよう。《フリップ・トリップ4》だ。」

リサ「説明パネル」

フリップ・トリップ4の説明（基本操作）

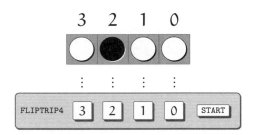

- 盤面には4個の**石**がある。表が白で、裏が黒である。
- 石には 3, 2, 1, 0 と番号が付いている。
- START（スタート）ボタンを押すと、石は すべて白 になる。
- コントローラには4個の**反転ボタン**がある。
- 反転ボタンにも 3, 2, 1, 0 と番号が付いている。
- 反転ボタンを押すと、対応した石が 白黒反転 する。

僕「ええと？」

リサ「コントローラはこれ」

　僕は、リサからフリップ・トリップ4のコントローラを受け取ってスタートボタンを押した。
　すると、スクリーンに白石が4個並んで表示された。

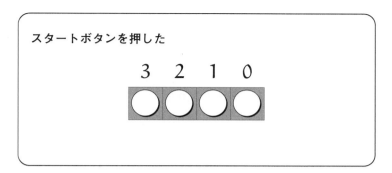

僕「反転ボタンを押せば、白黒が反転するんだよね。たとえば、反転ボタン1を押せば、白白黒白になるのかな？」

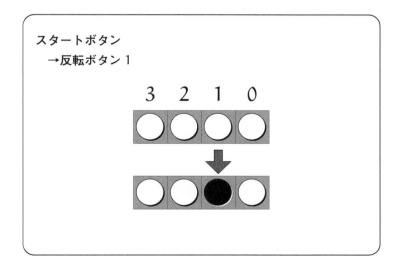

リサ「白白黒白」

僕「なったね。じゃ、反転ボタン0を押すと、白白黒黒になる？」

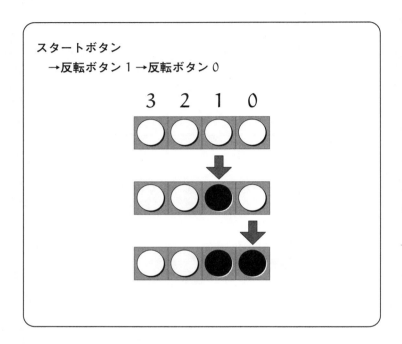

ミルカ「白なら黒になるし、黒なら白になる」

僕「じゃ、反転ボタン0をもう一度押すと白白黒白に戻るんだね」

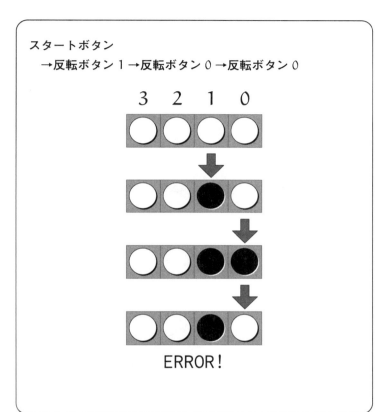

　僕が反転ボタン0を押すと、盤面は白白黒白に戻った。
でもエラー音が鳴ってERROR!と表示されてしまった。

僕「あれ、エラーになったけど？」

ミルカ「**同じパターンが2回出たらエラー**になるルールだ。君が
　　　スタートボタンを押してから白白黒白はすでに出ていた。い

まエラーになったのは、2回目の白白黒白だから」

リサ「説明パネル」

フリップ・トリップ4の説明（エラーとフルトリップ）

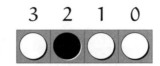

- スタートボタンを押してから出たパターンは、すべて記録されている。
- 反転ボタンを押したとき、これまでに出たパターンがもう一度出たら、**エラー**となりゲーム終了。
 このとき、プレイヤーの負けである。
- すべてのパターンを尽くしたら、**フルトリップ**となりゲーム終了。
 このとき、プレイヤーの勝ちである。

僕「なるほど、そういうルールなんだ。過去に登場したパターンを作ってしまったら負けか……ということは、このゲームは、同じパターンを作らないように反転ボタンを押していって、**白と黒のすべてのパターンを作る**んだね」

ミルカ「端的に言えば、そうなるな」

僕「さっきは、

$$白白白白 \rightarrow \underline{白白黒白} \rightarrow 白白黒黒 \rightarrow \underline{白白黒白}$$

で白白黒白が 2 回出たからエラーになった……と」

リサ「重複パターン禁止」

僕は、どうしたら勝てるかを考える。

僕「4 個の石があって、それぞれ白黒 2 通りずつあるんだから、パターンは全部で $2^4 = 16$ 個ある。

$$\underbrace{2 \times 2 \times 2 \times 2}_{4\,個} = 2^4 = 16$$

過去のパターンを出さないようにするためには、いままで出たパターンを覚えておけばいいわけだよね」

ミルカ「覚えておきたいのなら」

僕「あっ、覚えなくてもいいな。だって、2 進法を使って数えていけばいいからね」

ミルカ「というと？」

ミルカさんは訝(いぶか)しげな声を出した。

僕「白が 0 で黒が 1 とすると、4 個の石が作るパターンを考えるのは、2 進法で 4 桁になる数を考えることと同じだよね。4 ビットだ。だから、数を数えるように、

$$0000 \rightarrow 0001 \rightarrow 0010 \rightarrow 0011 \rightarrow 0100 \rightarrow 0101 \rightarrow \dots$$

という**ビットパターン**を順番に作っていけばいい。そうすれば、すべてのパターンを尽くせるから——おっと！ それじゃだめか」

ミルカ「だめだな」

10 進法	2 進法
0	0000
1	0001
2	0010
3	0011
4	0100
5	0101
6	0110
7	0111
8	1000
9	1001
10	1010
11	1011
12	1100
13	1101
14	1110
15	1111

僕「それじゃだめだなあ。2 進法で表したときの《次の数》が、反転ボタンを 1 回押すだけで作れるとは限らない」

ミルカ「そういうこと」

僕「0000 から 0001 を作ることはできる。反転ボタン 0 を押せばいい。でも、その次はもうだめ。反転ボタンを 1 回押すだけで 0001 から 0010 を作ることは不可能だ。だって、0001 から 0010 を作るためには、ビットを 2 個反転しなくちゃいけないからね。さらに、どの 2 個を反転させるかは要注意。もし、0001 のビットを反転したら、0000 になってしまい──」

ミルカ「——そこでエラーになるわけだ」

リサ「重複パターン禁止」

僕「1回押すだけで 0001 から 0010 は作れないけど、注意深く2回押せば作れる。0001 を先に反転するんじゃなく、0001 を先に反転して 0011 を作り、その後で 0011 を反転して 0010 を作ればいいから……なるほど、このゲームの要点がやっとわかったよ」

- 0000 から始めて 1 ビットずつ反転し、
- 同じビットパターンを作らないようにしつつ、
- すべてのビットパターンを尽くす。そのためには、
- 反転ボタンをどんな順序で押せばいいか。

ミルカ「そういうこと」

僕「え……でも、そんなことできるのかな」

ミルカ「フルトリップは可能だ。やってみせよう」

僕「待ってよ。いま考えているんだから——」

　ミルカさんは僕のセリフを無視して、僕からコントローラを奪い、すごいスピードでボタンを押し始めた。速すぎてどれを押しているのかわからない。あっという間にFULLTRIP!とスクリーンに表示された。

僕「うーん……フルトリップが可能なことはわかったよ」

問題 4-1（フリップ・トリップ 4）
スタートボタンを押してから、反転ボタン 3, 2, 1, 0 をどの順序で押せばフルトリップできるか。

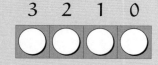

4.3 ビットパターンをたどる

リサ「スタート」

僕「《例示は理解の試金石》の原則に従って、具体例を作るべきだろうな。試行錯誤だ。スタート直後は 0000 になっている。ここから 1 ビットだけ反転した別のビットパターンへ進んでみるよ。最初の一手は、どのビットでも違いはないから、たとえば反転ボタン 0 を押してみる」

$$0000 \to 000\underline{1}$$

リサ「$0 \to 1$」

ミルカ「ふむ。どのビットを選ぶかの自由度があるからな」

僕「次もわかるよ。いまできた 0001 の 1 を 0 に戻したら、即座にエラーで終了になる。だからそれ以外の 0 を反転させるしかない。つまり、反転するのは 0001 か 0001 か 0001 のどれかだね。どのビットを 1 にしても違いはないから、たとえば 0001 を反転して 0011 にしてみようかな」

$$0000 \rightarrow 0001 \rightarrow 0011$$

リサ「0 → 1 → 3」

僕「この流れだと、0111 に進みたくなるけど、きっと違うな」

ミルカ「なぜ、そう思う？」

僕「何となく一本道すぎるから。だから次は 0010 にしてみるよ」

$$0000 \rightarrow 0001 \rightarrow 0011 \rightarrow 0010$$

ミルカ「ふむ」

リサ「0 → 1 → 3 → 2」

僕「次はどうするか。0011 には行けないし、0000 にも行けないね。すでに出たパターンだからエラーになってしまう。まだ 1 にしたことのないビット——つまり 0010 か 0010 を反転して 1 にするしかないか。どちらを選んでも同じだから、0010 を 1 にしてみる」

$$0000 \rightarrow 0001 \rightarrow 0011 \rightarrow 0010 \rightarrow 0110$$

リサ「0 → 1 → 3 → 2 → 6」

僕「次は進むか、戻るか……どうしようかな」

ミルカ「進むか戻るか？」

僕「0<u>1</u>10 を 1 にするか、011<u>0</u> を 1 にするかという二つの選択肢
　があるよね。0<u>1</u>10 は、まだ反転したことがないビットだか
　ら《進む》感じがするし、011<u>0</u> は、以前反転したことがある
　ビットだから《戻る》感じがするんだ」

ミルカ「ほう」

僕「うん、戻ってみよう！ 011<u>0</u> を 1 にする」

$$0000 \to 000\underline{1} \to 00\underline{1}1 \to 001\underline{0} \to 0\underline{1}10 \to 011\underline{1}$$

リサ「$0 \to 1 \to 3 \to 2 \to 6 \to 7$」

僕「0111 まで来たから次は繰り上がりが起きて 1000 かな」

ミルカ「繰り上がり？」

僕「おっと、違う。2 進法じゃなかった。0111 からどのビットを
　反転するか——うん、4 通りの可能性があるよね。

- 0111 → 011<u>0</u> は、すでに登場したから、だめ。
- 0111 → 01<u>0</u>1 は、まだ登場していないから、大丈夫。
- 0111 → 0<u>0</u>11 は、すでに登場したから、だめ。
- 0111 → <u>1</u>111 は、まだ登場していないから、大丈夫。

つまり、01<u>0</u>1 か <u>1</u>111 のどちらかだ——迷うなあ。よし、01<u>0</u>1
にする」

$$0000 \to 000\underline{1} \to 00\underline{1}1 \to 001\underline{0} \to 0\underline{1}10 \to 011\underline{1} \to 01\underline{0}1$$

リサ「$0 \to 1 \to 3 \to 2 \to 6 \to 7 \to 5$」

僕「ははーん……次は 010<u>0</u> だね！ 0101 の次には 4 通りの可能
　性があるけど、そのうち登場していないのは、010<u>0</u> と <u>1</u>101

の2通り。僕は010<u>0</u>を選ぶことにするよ」

$0000 \rightarrow 000\underline{1} \rightarrow 00\underline{1}1 \rightarrow 001\underline{0} \rightarrow 0\underline{1}10 \rightarrow 011\underline{1} \rightarrow 01\underline{0}1 \rightarrow 010\underline{0}$

リサ「$0 \rightarrow 1 \rightarrow 3 \rightarrow 2 \rightarrow 6 \rightarrow 7 \rightarrow 5 \rightarrow 4$」

ミルカ「君が<u>1</u>101ではなく010<u>0</u>を選んだ理由は？」

僕「リサちゃんが宣言していた数に気付いたんだ。いまも、

$$0 \rightarrow 1 \rightarrow 3 \rightarrow 2 \rightarrow 6 \rightarrow 7 \rightarrow 5 \rightarrow 4$$

と言ったけど、これは出てきたビットパターンを10進法に直した数列だよね」

リサ「……」

僕「$0 \rightarrow 1 \rightarrow 3 \rightarrow 2 \rightarrow 6 \rightarrow 7 \rightarrow 5 \rightarrow \boxed{?}$ の時点で、0から7までのうち4だけが出ていないなと思った。だから次は4を表す0100にしてみたんだ」

ミルカ「リサのカウントがヒントになってしまったな」

ミルカさんはそう言ってリサを見た。
リサはすっと目をそらす。

リサ「ぬれぎぬ」

僕「ヒント？ なるほど、ここに隠された規則性があるんだね！」

リサ「やぶへび」

リサはそう言ってミルカさんを見た。
ミルカさんはすっと目をそらす。

僕「ここまでで 8 個のビットパターンが出た。全部で 16 個だからちょうど半分か。フルトリップの半分で、いわばハーフトリップだね。前半のハーフトリップが終わったところだ」

ミルカ「ハーフトリップ。それはいい概念だな」

前半のハーフトリップ

$0000 \rightarrow 0001 \rightarrow 0011 \rightarrow 0010 \rightarrow 0110 \rightarrow 0111 \rightarrow 0101 \rightarrow 0100$

僕「なるほど。0 から 7 までだから、この前半のハーフトリップで出てきたビットパターンはすべて最上位ビットが 0 になってる！　だったら、後半のハーフトリップは最上位ビットが 1 なんだよね」

リサ「ヒント注意」

ミルカ「……私は何も言ってない」

僕「まあ、もう少し試行錯誤して探ってみるよ。0100 から行ける 4 通りのビットパターンはどうなるかというと——

- $0100 \rightarrow 0101$ は、すでに登場したから、だめ。
- $0100 \rightarrow 0110$ は、すでに登場したから、だめ。
- $0100 \rightarrow 0000$ は、すでに登場したから、だめ。
- $0100 \rightarrow 1100$ は、まだ登場していないから、大丈夫。

——だから、1100 に決まった。これは当たり前。だって、**最上位ビットが 0 のビットパターンはすべて出尽くしたんだか**

ら、最上位ビットを 1 にするしかない」

$$0000 \rightarrow 000\underline{1} \rightarrow 00\underline{1}1 \rightarrow 001\underline{0} \rightarrow 0\underline{1}10 \rightarrow 011\underline{1} \rightarrow 01\underline{0}1 \rightarrow 010\underline{0}$$
$$\rightarrow \underline{1}100$$

リサ「0 → 1 → 3 → 2 → 6 → 7 → 5 → 4 → 12」

ミルカ「……」

僕「1100 から 0100 に戻るルートはありえない。最上位ビットが
0 になってしまうからね。1100 から行けるパターンは──

- 1100 → 110\underline{1}
- 1100 → 11\underline{1}0
- 1100 → 1\underline{0}00

──だけど、どれも大丈夫。後半のハーフトリップは始まっ
たばかりだから、最上位ビットが 1 のものはどれも登場して
いないよね」

ミルカ「大きい自由度」

僕「そうそう。大きい自由度……自由度？」

リサ「大きいヒント」

リサはそう言ってミルカさんを見た。

ミルカ「ついうっかり」

ミルカさんは小さく舌を出した。

二人のやりとりを見て、僕は考える。
自由度……フリップ・トリップのスタート直後は、自由度が高

い。登場していないビットパターンがたくさん残っているから、
反転させてもエラーにならないビットが多いはず。

　前半のハーフトリップが終わったなら、最上位ビットが 0 の
ビットパターンはすべて使われてしまったことになる。だから、
最上位ビットは 1 のまま動かせない。反転するビットを選ぶ自由
度が減ったわけだ。

　ということは、最上位ビットを除いて考えて——

僕「ねえ、ミルカさん。これって、同じことの繰り返しだよね」

ミルカ「そう？」

僕「つまりね、最初に与えられた問題は《フリップ・トリップ 4》
　　だった。つまり、0000 から始まって、4 ビットのすべての
　　ビットパターンを作るという問題」

ミルカ「ふむ」

僕「そして、いま、前半のハーフトリップが終わってみて、僕の
　　目の前にある問題は何かというと、《フリップ・トリップ 3》
　　なんだよ！」

ミルカ「……」

僕「そうなんだ。そうならざるを得ない。なぜかというと、もう
　　すでに 0∗∗∗ というビットパターンはすべて登場したから、
　　残りは 1∗∗∗ というビットパターンのみだよね。つまり、後
　　半のハーフトリップで最上位ビットを反転させて 0 にするこ
　　とはありえない。《フリップ・トリップ 4》の後半のハーフト
　　リップは、∗∗∗ の 3 ビットに対する《フリップ・トリップ 3》
　　と同じはずだ！」

ミルカ「ご明察。で？」

僕「で、とは？」

ミルカ「で、後半のハーフトリップは具体的にどうなる？」

$$0000 \to 000\underline{1} \to 00\underline{1}1 \to 001\underline{0} \to 0\underline{1}10 \to 011\underline{1} \to 01\underline{0}1 \to 010\underline{0}$$
$$\to \underline{1}100 \to ????$$

僕は考える。ここまで来たんだから、100 から始まる《フリップ・トリップ 3》を何とかして見つけたい……

4.4 後半のハーフトリップ

僕「……わかったよ、ミルカさん。いま《フリップ・トリップ 3》がほしい。前半のハーフトリップで変化しなかった最上位ビットを * で隠せば、000 から 100 までの《フリップ・トリップ 3》が見つかる」

前半のハーフトリップ

$0000 \to 0001 \to 0011 \to 0010 \to 0110 \to 0111 \to 0101 \to 0100$

最上位ビットを隠した

$*000 \to *001 \to *011 \to *010 \to *110 \to *111 \to *101 \to *100$

ミルカ「ふむ」

僕「これを**逆転**すればいいんだよ！　そうすれば *100 から始まる《フリップ・トリップ 3》が見つかる」

前半のハーフトリップで最上位ビットを隠した

*000 → *001 → *011 → *010 → *110 → *111 → *101 → *100

逆転すると *100 から始まる《フリップ・トリップ 3》が見つかる

*000 ← *001 ← *011 ← *010 ← *110 ← *111 ← *101 ← *100

ミルカ「ふうん……」

　ミルカさんは、僕の作ったビットパターン列を見ながら、意味ありげに鼻を鳴らした。

僕「ん？　どこかおかしい？」

ミルカ「順番はそのままで、* を除いた最上位ビットを反転してもいいと思っただけだよ」

前半のハーフトリップで最上位ビットを隠した

*000 → *001 → *011 → *010 → *110 → *111 → *101 → *100

* を除いた最上位ビットを反転した

*100 → *101 → *111 → *110 → *010 → *011 → *001 → *000

僕「へえ、偶然だね」

ミルカ「偶然ではないが、それで？」

僕「あ、うん。それで、前半の * を 0 にして、後半の * を 1 にすれば、フルトリップができた！」

0000 → 0001 → 0011 → 0010 → 0110 → 0111 → 0101 → 0100　　前半
→ 1100 → 1101 → 1111 → 1110 → 1010 → 1011 → 1001 → 1000　　後半

リサ「$0 \to 1 \to 3 \to 2 \to 6 \to 7 \to 5 \to 4$
$\to 12 \to 13 \to 15 \to 14 \to 10 \to 11 \to 9 \to 8$」

ミルカ「反転ボタンを押す順序は？」

僕「フルトリップまでに反転した位置をピックアップすればすぐにわかるよ。印を付けてみるね」

$0000 \to 000\underline{1} \to 00\underline{1}1 \to 001\underline{0} \to 0\underline{1}10 \to 011\underline{1} \to 01\underline{0}1 \to 0100$　前半

$\to \underline{1}100 \to 110\underline{1} \to 11\underline{1}1 \to 111\underline{0} \to 1\underline{0}10 \to 101\underline{1} \to 10\underline{0}1 \to 1000$　後半

ミルカ「ふむ」

僕「だから、反転ボタンを押す順序は、ええと、こうなるね」

解答例 4-1（フリップ・トリップ 4）
反転ボタンを以下の順で押せば、フルトリップできる。

$$0, 1, 0, 2, 0, 1, 0, 3, 0, 1, 0, 2, 0, 1, 0$$

ミルカ「リズミカルで覚えやすい数列だ」

僕「ちょっと待った！　この数列見たことあるぞ！　n & $-n$ の指数じゃないか！（p. 134 参照）」

168　第4章　フリップ・トリップ

n	$= 2^m \cdot$ 奇数	2^m	$n \,\&\, -n$	m	反転ボタン
1	$= 2^0 \cdot 1$	$2^0 = 1$	1	0	0
2	$= 2^1 \cdot 1$	$2^1 = 2$	2	1	1
3	$= 2^0 \cdot 3$	$2^0 = 1$	1	0	0
4	$= 2^2 \cdot 1$	$2^2 = 4$	4	2	2
5	$= 2^0 \cdot 5$	$2^0 = 1$	1	0	0
6	$= 2^1 \cdot 3$	$2^1 = 2$	2	1	1
7	$= 2^0 \cdot 7$	$2^0 = 1$	1	0	0
8	$= 2^3 \cdot 1$	$2^3 = 8$	8	3	3
9	$= 2^0 \cdot 9$	$2^0 = 1$	1	0	0
10	$= 2^1 \cdot 5$	$2^1 = 2$	2	1	1
11	$= 2^0 \cdot 11$	$2^0 = 1$	1	0	0
12	$= 2^2 \cdot 3$	$2^2 = 4$	4	2	2
13	$= 2^0 \cdot 13$	$2^0 = 1$	1	0	0
14	$= 2^1 \cdot 7$	$2^1 = 2$	2	1	1
15	$= 2^0 \cdot 15$	$2^0 = 1$	1	0	0

僕「n 番目に押す反転ボタンの番号を m とすると、

$$2^m = n \,\&\, -n$$

　が成り立つだって?!」

ミルカ「同じことだが、

$$m = \log_2(n \,\&\, -n)$$

　ともいえるな」

僕「いったい何なんだ、この m は！」

リサ「ルーラー関数」

僕「名前があるんだ……」

リサ「お気に入り」

4.5 ルーラー関数

リサ「ルーラー関数の定義」

170 第4章 フリップ・トリップ

ルーラー関数 $\rho(n)$

ルーラー関数 $\rho(n)$ は、

　　　n を 2 進法で表記したときに右端に並ぶ 0 の個数

として定義する。ただし、n は正の整数とする。

	n	$\rho(n)$
1	0001	0
2	0010	1
3	0011	0
4	0100	2
5	0101	0
6	0110	1
7	0111	0
8	1000	3
9	1001	0
10	1010	1
11	1011	0
12	1100	2
13	1101	0
14	1110	1
15	1111	0
⋮	⋮	⋮

僕「ルーラー関数？」

リサ「定規関数」

僕「変わった名前だね」

ミルカ「名前の理由は $y = \rho(n) + 1$ のグラフを描けばわかる」

僕「なるほど。定規^{ruler}の目盛りに似ているからか……でも、なぜだ
ろう。確かにおもしろいけど、理由がわかってないぞ。いっ
たいどうして、フリップ・トリップにルーラー関数が絡んで
くるんだ？」

ミルカ「**グレイコードの漸化式**を考えてみればいい」

僕「グレイコード……？」

リサ「お気に入り」

4.6　グレイコード

ミルカ「グレイコードの名は物理学者フランク・グレイ[1]に由来
する」

僕「あ、そうなんだ。白でも黒でもないという意味かと思った。
灰色コードじゃないんだね」

ミルカ「1 ビットを反転させることで次のビットパターンが得ら
れるビットパターン列を一般に**グレイコード**という。グレイ
コードはいくつもあるが、フリップ・トリップ 4 で君が作っ
たビットパターン列はその中でも標準的なものだ。これを
G_4 と表すことにしよう。すると、G_4 は 4 ビットのグレイ

---
[1] Frank Gray

172   第4章　フリップ・トリップ

コードの一種となる。表にすればこうだ」

4ビットのグレイコードの一種 G_4

G_4
0000
0001
0011
0010
0110
0111
0101
0100
1100
1101
1111
1110
1010
1011
1001
1000

僕「それで、グレイコードの漸化式というのは何のこと？」

ミルカ「いま書いたのは4ビットのグレイコードの一種だが、この G_4 を一般化してビットパターン列 G_n を定義したい。そのために漸化式を使うのだ」

僕「漸化式はわかるけど、それでビットパターン列を定義するというのがよくわからないな……」

ミルカ「G_n は、2^n 個のビットパターンからなるビットパターン列を表している。たとえば、G_4 は具体的にこう書ける」

$$G_4 = 0000, 0001, 0011, 0010, 0110, 0111, 0101, 0100,$$
$$1100, 1101, 1111, 1110, 1010, 1011, 1001, 1000$$

僕「ああ、なるほど。ビットパターン列、つまりビットパターンの並びのことを G_n と書くのか。そして G_n に関する漸化式を作る——それは、G_{n+1} を G_n で表すという意味だね」

ミルカ「そうなる」

僕「ちょっと待って。漸化式を作る前に、《小さな数で試す》というセオリーに従いたいな」

ミルカ「確かに」

リサ「G_1 はこれ」

$$G_1 = 0, 1$$

僕「G_2 はこうかな」

$$G_2 = 00, 01, 11, 10$$

ミルカ「ふむ」

僕「G_3 は《フリップ・トリップ 3》で作ったビットパターン列」

$$G_3 = 000, 001, 011, 010, 110, 111, 101, 100$$

ミルカ「G_4 はすでに挙げた。さあ、G_n に関する漸化式を作ろう」

174　第4章　フリップ・トリップ

　僕は考える。G_n に関する漸化式を作る——それはつまり、G_n を使って G_{n+1} を表すことだ。手がかりは——ある。もちろん、

- G_1 から G_2 を作る方法
- G_2 から G_3 を作る方法
- G_3 から G_4 を作る方法

を考えることだ。さてさて……

僕「……うん、わかってきたけど、どんな計算が使えるんだろう」

ミルカ「どんな計算とは？」

僕「**等差数列**$a_1, a_2, a_3, \ldots$ を漸化式で定義するなら、

$$
\begin{cases}
a_1 = 《初項》 \\
a_{n+1} = a_n + 《公差》 \quad (n = 1, 2, 3, \ldots)
\end{cases}
$$

のように和（$+$）という計算を使うし、
等比数列$b_1, b_2, b_3, \ldots$ を漸化式で定義するなら、

$$
\begin{cases}
b_1 = 《初項》 \\
b_{n+1} = b_n \times 《公比》 \quad (n = 1, 2, 3, \ldots)
\end{cases}
$$

のように積（$\times$）という計算を使うよね。ところで、

$$
G_1, G_2, G_3, \ldots
$$

を考えるなら、ビットパターン列が並んだ列を考えることになる。ビットパターン列に対する計算はどうすればいい？」

ミルカ「どうすればいいか。もちろん、**定義**すればいい。ビットパターン列に対する計算を定義するのだ」

僕「うーん……どんな式になるのかすぐにはわからないな」

ミルカ「ねえ、君。式にこだわる前に、言葉にすべきだよ」

ミルカさんは、自分の唇に人差し指を当てて言った。

僕「そうか……そうだね。僕は《フリップ・トリップ 3》から《フリップ・トリップ 4》を作ったときと同じ方法を使えばいいと考えたんだよ。たとえば G_1 から G_2 を作るならこう」

G_1 から G_2 を作る方法

- 最初に、$G_1 = 0, 1$ の各ビットパターンの左端に 0 を置いて 00, 01 を作る。これが《前半》になる。
- 次に、G_1 を逆転して 1, 0 を作り、各ビットパターンの左端に 1 を置いて 11, 10 を作る。これが《後半》になる。
- 最後に《前半》と《後半》を繋げれば、G_2 ができる。

$$G_2 = \underbrace{00, 01}_{《前半》}, \underbrace{11, 10}_{《後半》}$$

ミルカ「よくわかる」

僕「同じ考え方が G_2 から G_3 を作る方法にも使えるよ」

176 第4章 フリップ・トリップ

G_2 から G_3 を作る方法

- 最初に、$G_2 = 00, 01, 11, 10$ の各ビットパターンの左端に **0** を置いて、

    $$000, 001, 011, 010$$

    を作る。これが《前半》になる。

- 次に、G_2 を逆転して $10, 11, 01, 00$ を作り、各ビットパターンの左端に **1** を置いて、

    $$110, 111, 101, 100$$

    を作る。これが《後半》になる。

- 最後に《前半》と《後半》を繋げれば、G_3 ができる。

    $$G_3 = \underbrace{000, 001, 011, 010,}_{《前半》} \underbrace{110, 111, 101, 100}_{《後半》}$$

ミルカ「ハーフトリップからフルトリップを作るわけだ。一般化すると——」

僕「うん。G_n から G_{n+1} を作る方法はこう書ける」

4.6 グレイコード 177

G_n から G_{n+1} を作る方法

- 最初に、G_n の各ビットパターンの左端に 0 を置いて、《前半》を作る。
- 次に、G_n を逆転して、その各ビットパターンの左端に 1 を置いて、《後半》を作る。
- 最後に《前半》と《後半》を繋げれば、G_{n+1} ができる。

ミルカ「君の方法に出てくる計算は 3 つある。

- ビットパターン列を構成している各ビットパターン、その 左端に 0 や 1 を置く ことで、新たなビットパターン列を得る計算。
- ビットパターン列を 逆転する ことで、新たなビットパターン列を得る計算。
- ビットパターン列を 2 個繋ぐ ことで、新たなビットパターン列を得る計算。

これらを式で書けるように定義すれば漸化式が作れる」

178　第4章　フリップ・トリップ

> ### ビットパターン列 G_n の漸化式
>
> ビットパターン列 G_n の漸化式は次の通り。
>
> $$\begin{cases} G_1 = 0, 1 \\ G_{n+1} = 0G_n, 1G_n^R \end{cases} \quad (n \geqq 1)$$
>
> ただし、
>
> - $0G_n$ は、G_n の各ビットパターンの左端に 0 を置いて得られる新たなビットパターン列を表す。
> - G_n^R は、G_n を逆転して得られる新たなビットパターン列を表す。
> - $1G_n^R$ は、G_n^R の各ビットパターンの左端に 1 を置いて得られる新たなビットパターン列を表す。
> - $0G_n, 1G_n^R$ は、$0G_n$ と $1G_n^R$ を繋いで得られる新たなビットパターン列を表す。
>
> とする。

僕「なるほどね。$0G_n$ や $1G_n^R$ というのは大胆な表記だなあ」

リサ「表記重要」

僕「分配法則と似ているね」

$$G_3 = 000, 001, 011, 010, 110, 111, 101, 100$$

$$G_3^R = 100, 101, 111, 110, 010, 011, 001, 000$$

$$0G_3 = 0(000, 001, 011, 010, 110, 111, 101, 100)$$

$$= 0000, 0001, 0011, 0010, 0110, 0111, 0101, 0100$$

$$1G_3^R = 1(100, 101, 111, 110, 010, 011, 001, 000)$$

$$= 1100, 1101, 1111, 1110, 1010, 1011, 1001, 1000$$

ミルカ「この漸化式を使えば、任意の正整数 n について、G_n がグレイコードになっていることも証明できる」

僕「G_n がグレイコードになっているというのは、隣のビットパターン同士が 1 ビットだけ異なるという意味だね」

ミルカ「そうだ。G_n がグレイコードならば、明らかに G_n^R もグレイコード。そして、前半と後半の繋ぎ目になっている 2 個のビットパターンは最上位ビットだけが異なる」

僕「うんうん、そうだね。 前半は $0G_n$ で後半は $1G_n^R$ になる。だから、その繋ぎ目となるのは $0G_n$ の最後と $1G_n^R$ の最初で、最上位ビットだけが違う。$n = 3$ ならこうなるね」

$$G_{3+1} = \underbrace{0000, 0001, \cdots, 0100}_{0G_3}, \underbrace{1100, \cdots, 1001, 1000}_{1G_3^R}$$

ミルカ「G_n の漸化式を見れば、ルーラー関数が G_n で反転させるビット位置になる理由もわかる。つまり G_n に含まれているビットパターンの個数は 2^n 個あり、G_{n+1} の前半 $0G_n$ と後半 $1G_n^R$ で切り替わるビット位置は n だからな。$n = 3$ ならこうだ。前半と後半で切り替わるのは 2^3 の位。つまりビット位置は 3 だ」

$$G_{3+1} = \underbrace{0000, 0001, \cdots, 0100}_{2^3 \text{個}}, \underbrace{1100, \cdots, 1001, 1000}_{2^3 \text{個}}$$

僕「あっ……わかったよ。なるほど、すごいな！」

ミルカ「ルーラー関数はハノイの塔も解く」

僕「えっ？」

リサ「お気に入り」

4.7 ハノイの塔

リサ「ハノイの塔はこれ」

リサはワゴンの引き出しから、木製のハノイの塔を取り出した。

僕「いや、ハノイの塔は有名なパズルだから僕も知ってるよ」

4.7 ハノイの塔 181

> **ハノイの塔**
>
> 3 本の柱があり、穴の空いた円板が柱を通して重ねられている。円板はすべて大きさが異なり、小さな円板の上に大きな円板を乗せてはいけない。1 本の柱にすべての円板が集まっている状態から始めて、一度に 1 枚ずつ円板を移動し、すべての円板を別の柱に集めよ。

ミルカ「ルーラー関数はハノイの塔も解く。円板に小さい方から 0, 1, 2 と番号を付ければわかる」

僕「うーん……ちょっと、それ貸して」

僕は、リサからハノイの塔を借りて、動かして——驚愕した。

182 第4章 フリップ・トリップ

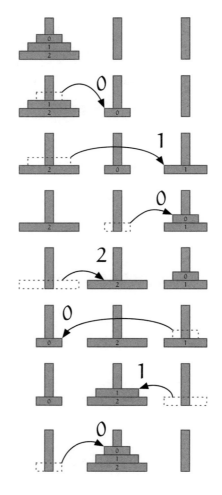

リサ「0, 1, 0, 2, 0, 1, 0」

僕「本当だ……何なんだろう、これは！」

ミルカ「ハノイの塔の n 手目でどの円板を動かすかを知りたければルーラー関数に尋ねればいい。$\rho(n)$ を動かせばいいと教えてくれる」

	n	$\rho(n)$	円板
1	0001	0	0
2	0010	1	1
3	0011	0	0
4	0100	2	2
5	0101	0	0
6	0110	1	1
7	0111	0	0
⋮	⋮	⋮	⋮

僕「え……」

ミルカ「グレイコード、ルーラー関数、ハノイの塔」

リサ「ぜんぶ、お気に入り（咳）」

"敵の敵は味方になるか。"

184 第4章 フリップ・トリップ

第4章の問題

●**問題 4-1**（フルトリップに挑戦）

本文で「僕」は、

$$0000 \to 000\underline{1} \to 00\underline{1}1 \to 001\underline{0} \to \cdots$$

と進みました（p. 159）。「僕」が選ばなかった別の道、

$$0000 \to 000\underline{1} \to 00\underline{1}1 \to 0\underline{1}11 \to \cdots$$

ではフルトリップできるでしょうか。

（解答は p. 263）

●**問題 4-2**（ルーラー関数）

ルーラー関数 $\rho(n)$ を漸化式で定義してください。

n	1	2	3	4	5	6	7	8	9	10	11	12	13	14	15	...
$\rho(n)$	0	1	0	2	0	1	0	3	0	1	0	2	0	1	0	...

（解答は p. 264）

第4章の問題　185

●問題 4-3 （ビットパターン列の逆転）

p. 166 でミルカさんが語っていたビットパターン列の逆転と最上位ビットの反転について調べましょう。n は 1 以上の整数とします。G_n を p. 178 で述べたビットパターン列とします。

- G_n^R を、G_n を逆転したビットパターン列とします。
- G_n^- を、G_n のすべての最上位ビットを反転させたビットパターン列とします。

このとき、

$$G_n^R = G_n^-$$

であることを証明してください。

$G_3 = 000, 001, 011, 010, 110, 111, 101, 100$ について、$G_3^R = G_3^-$ となる様子を以下に示します。

$$
\begin{aligned}
G_3^R &= (000, 001, 011, 010, 110, 111, 101, 100)^R \\
&= 100, 101, 111, 110, 010, 011, 001, 000 \\
G_3^- &= (000, 001, 011, 010, 110, 111, 101, 100)^- \\
&= 100, 101, 111, 110, 010, 011, 001, 000
\end{aligned}
$$

（解答は p. 265）

付録：グレイコードの性質とセンサー

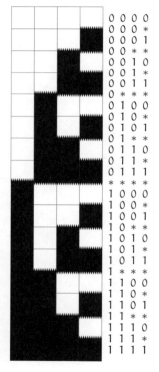

2進法

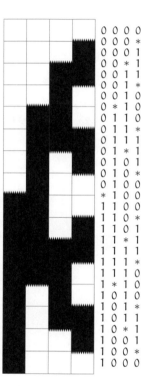

グレイコードの例（G_4）

付録：グレイコードの性質とセンサー　187

　紙の上に白と黒のパターンを描き、4 個の受光器を並べたセンサーを使って紙の上端からどれだけの位置にあるかを調べます。
　個々の受光器は白ならば 0 を、黒ならば 1 を検出し、合計 4 ビットの位置データが得られます。しかし、白と黒の境目では、ちょっとしたずれや印刷の具合で 0 と 1 のどちらが得られるか不安定になることがあり、4 ビットの中に 0 と 1 で不安定なビットが混じるとしましょう（前ページの * の部分）。

　2 進法に従って並べた場合（左側）、不安定なビットによって位置を大きく誤る危険性があります。たとえば、中央にある 0111 と 1000 の境目では、

****

という状態になりますので、どのような 4 ビットの位置データにもなってしまう危険性があります。

　グレイコードの例（G_4）に従って並べた場合（右側）、不安定なビットが混じっても、すぐ上下にある位置データのいずれかになりますので、大きく誤る危険性はありません。これは、グレイコードが 1 ビットずつしか変化しないという性質を持っているからです。たとえば、中央にある 0100 と 1100 の境目では、

*100

という状態ですから、不安定なビットが 0 になれば、すぐ上の 0100 になり、不安定なビットが 1 になれば、すぐ下の 1100 になります。

第5章
ブール代数

"「2」が「リンゴ2個」しか表せなかったら、何の役に立つか。"

5.1 図書室にて

ここは高校の図書室。いまは放課後。

僕が計算していると、風のようにミルカさんがやってきた。

ミルカ「テトラは？」

僕「いや、知らないけど……今日は来てないね」

ミルカ「ふうん……」

ミルカさんは流れるように隣に座ると、僕のノートをのぞきこむ。顔が近い近い近い。

僕「……」

ミルカ「顔が赤いな。またインフルエンザか」

僕「そんなに何度もかからないよ。先日だって、ミルカさんから僕にうつったんだよね。きっと、あのとき——」

ミルカ「どのとき？」

僕「——何でもないよ」

ミルカ「村木先生から《カード》が来た」

村木先生は数学教師だ。ときどき僕たちに《カード》をくれる。《カード》には、数学の問題が書かれていることもあるし、意味ありげな数式がぽつんと書かれていることもある。

僕たちは《カード》をきっかけにあれこれ考えたり、レポートにまとめたり。それは、授業や試験とは関係がない自由な活動、僕たちの楽しみなのだ。

今回の《カード》は——

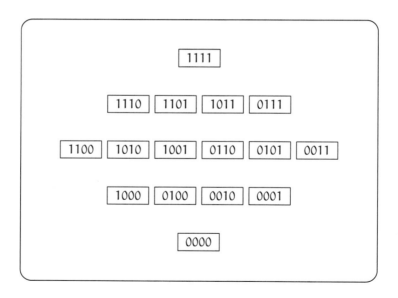

僕「ああ、これは 0 から 15 までを 2 進法で表したものだね。0000

から 1111 まで、4 ビットのすべてのビットパターンが並んでいる。それぞれのビットは 0 か 1 かの 2 通りだから、4 ビットで $2^4 = 16$ 通りある」

ミルカ「ふむ。その点に異議はない。では、**順序**をどう見るか」

ミルカさんは楽しげな口調で僕に問いかける。

僕「このビットパターンの配置のことだね。うん、それは気付いているよ。ビットパターンは《1 の個数》を考えて上下に並べてある。一番下にある 0000 には 1 がひとつもない。つまり 0 個。そして、上に進むごとに 1 の個数は $0 \to 1 \to 2 \to 3 \to 4$ と増えていく」

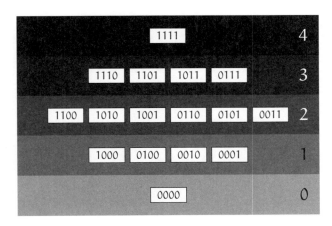

《1 の個数》に注目

ミルカ「気付いていたのか」

僕「もちろんだよ。**数を数える**のは基本だからね。一番下の 0000 には 1 が 0 個。一番上の 1111 には 1 が 4 個」

ミルカ「一番下が最小値、一番上が最大値」

僕「各行ごとの《ビットパターンの個数》も数えたよ。$1, 4, 6, 4, 1$ になる。これは**二項係数**だよね」

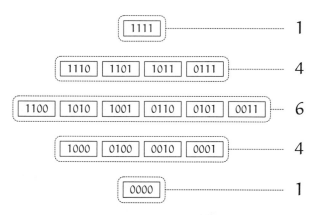

《ビットパターンの個数》に注目

ミルカ「ふむ」

僕「$(x+y)^4$ を展開すると、

$$(x+y)^4 = \underline{1}x^4y^0 + \underline{4}x^3y^1 + \underline{6}x^2y^2 + \underline{4}x^1y^3 + \underline{1}x^0y^4$$

のように係数が $1, 4, 6, 4, 1$ になる。二項係数が出てくる理由も簡単にわかる。《4 ビットのビットパターンを決める》というのは、《4 ビットのうち、1 にするビットを選ぶ》と言い換えられるから。1 が k 個あるビットパターンの個数は、4 ビットの中から k ビットを選ぶ組み合わせの数、

$$_4\mathrm{C}_k = \binom{4}{k} = \frac{4!}{(4-k)!\,k!}$$

に等しい。これはまさに二項係数だよね」

$$_4C_4 = \binom{4}{4} = \frac{4!}{(4-4)!\,4!} = \frac{4!}{0!\,4!} = \frac{4 \times 3 \times 2 \times 1}{1 \times (4 \times 3 \times 2 \times 1)} = 1$$

$$_4C_3 = \binom{4}{3} = \frac{4!}{(4-3)!\,3!} = \frac{4!}{1!\,3!} = \frac{4 \times 3 \times 2 \times 1}{1 \times (3 \times 2 \times 1)} = 4$$

$$_4C_2 = \binom{4}{2} = \frac{4!}{(4-2)!\,2!} = \frac{4!}{2!\,2!} = \frac{4 \times 3 \times 2 \times 1}{(2 \times 1) \times (2 \times 1)} = 6$$

$$_4C_1 = \binom{4}{1} = \frac{4!}{(4-1)!\,1!} = \frac{4!}{3!\,1!} = \frac{4 \times 3 \times 2 \times 1}{(3 \times 2 \times 1) \times 1} = 4$$

$$_4C_0 = \binom{4}{0} = \frac{4!}{(4-0)!\,0!} = \frac{4!}{4!\,0!} = \frac{4 \times 3 \times 2 \times 1}{(4 \times 3 \times 2 \times 1) \times 1} = 1$$

ミルカ「ふむ。もちろんそれでいいのだが、展開するときに、1 の個数が等しいビットパターンを縦にまとめるのも楽しい」

僕「縦にまとめる——って、どんな具合に？」

ミルカ「こんな具合に」

$(0+1)^4$

$= (0+1)(0+1)(0+1)(0+1)$

$= (00+01+10+11)(0+1)(0+1)$

$= \left(00 + \left\{\begin{matrix} 01 \\ 10 \end{matrix}\right\} + 11\right)(0+1)(0+1)$ 　　　縦にまとめた

$= \left(000 + 001 + \left\{\begin{matrix} 010 \\ 100 \end{matrix}\right\} + \left\{\begin{matrix} 011 \\ 101 \end{matrix}\right\} + 110 + 111\right)(0+1)$

$= \left(000 + \left\{\begin{matrix} 001 \\ 010 \\ 100 \end{matrix}\right\} + \left\{\begin{matrix} 011 \\ 101 \\ 110 \end{matrix}\right\} + 111\right)(0+1)$ 　　　縦にまとめた

$= 0000 + 0001 + \left\{\begin{matrix} 0010 \\ 0100 \\ 1000 \end{matrix}\right\} + \left\{\begin{matrix} 0011 \\ 0101 \\ 1001 \end{matrix}\right\}$

$\qquad\qquad + \left\{\begin{matrix} 0110 \\ 1010 \\ 1100 \end{matrix}\right\} + \left\{\begin{matrix} 0111 \\ 1011 \\ 1101 \end{matrix}\right\} + 1110 + 1111$

$= 0000 + \left\{\begin{matrix} 0001 \\ 0010 \\ 0100 \\ 1000 \end{matrix}\right\} + \left\{\begin{matrix} 0011 \\ 0101 \\ 1001 \\ 0110 \\ 1010 \\ 1100 \end{matrix}\right\} + \left\{\begin{matrix} 0111 \\ 1011 \\ 1101 \\ 1110 \end{matrix}\right\} + 1111$ 　　　縦にまとめた

$\underbrace{\qquad}_{1}\ \underbrace{\qquad\qquad}_{4}\ \underbrace{\qquad\qquad}_{6}\ \underbrace{\qquad\qquad}_{4}\ \underbrace{\quad}_{1}$

僕「あっ、これは確かに楽しいな！ ビットパターンの個数が
　　$1, 4, 6, 4, 1$ になるのがよくわかる」

ミルカ「ところで、私はビットパターンを繋いでみたい」

僕「ビットパターンを繋ぐ——って、どういうこと？」

ミルカ「こういうこと」

5.2 ビットパターンを繋ぐ

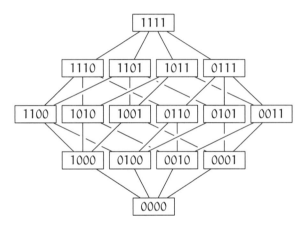

ビットパターンを繋いだハッセ図

僕「これは……？」

ミルカ「ビットパターンを繋ぎ、**順序関係**を入れた。このような図を一般に**ハッセ図**という」

僕「順序関係というか、上下関係かな？」

ミルカ「順序関係は数学用語で、上下関係や大小関係を抽象化したものだ。ハッセ図は順序関係を見やすく表す図。

　　　　x よりも y を上方に配置し、x と y を辺で繋ぐ

ことで、

　　　　x よりも y が大きい

という順序関係を表す」

僕「なるほど」

ミルカ「ただしハッセ図では、x よりも y が大きいからといって、x と y の間に辺があるとは限らない」

僕「え？」

ミルカ「ハッセ図では《x よりも m が大きくて、その m よりもさらに y が大きい》という m が存在するとき、x と y を辺でわざわざ繋がないからだ」

僕「なるほど、x から m を経由して y まで辺をたどれば x よりも y が大きいことがわかるから？」

ミルカ「そういうこと」

僕「ところで、ハッセ図で順序関係が表せるのはいいんだけど、ミルカさんはいま、ビットパターンの大きい小さいをどういうルールで決めたんだろうか」

ミルカ「すぐにわかる」

僕「うーん……ビットパターンから上に進む《辺の本数》を数えてみると、4本、3本、2本、1本と減っていくことはすぐにわかるけど」

5.2 ビットパターンを繋ぐ   197

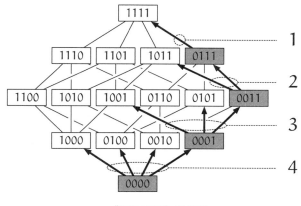

《辺の本数》に注目

ミルカ「《辺の本数》を数えたのか」

僕「うん、そうだよ……ああ、なんだ。簡単じゃないか。ミルカさんの《ビットパターンを繋ぐルール》がわかったよ。この図では、**1ビット反転したビットパターン同士を繋いでいる**んだね」

ミルカ「正解」

僕「たとえば、一番下の 0000 には 0 が 4 個あって、反転する 0 に対応して 4 個のビットパターンに繋がっている」

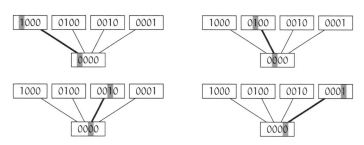

ミルカ「辺で繋がれた上下のビットパターンを比べると、1 ビットだけ違う。下にある 0 のいずれかが上で 1 になる」

僕「うん、だとすると辺の本数が下から順番に 4, 3, 2, 1 と減っていくのは納得だね。だって、一番下のビットパターンは 0000 だから、どの 0 を 1 に変えるかという可能性は 4 通りある。辺をたどって上に行くたびに 1 が増えていく……つまり、0 は減っていくわけだから、どの 0 を 1 に変えるかという可能性もまた減っていくんだね」

ミルカ「そういうこと」

僕「でも、ここからどこかに行けるのかな」

ミルカ「君が望むなら、どこにでも」

ミルカさんはそう言って、眼鏡のフレームに指を触れた。

僕「え？」

5.3 順序関係

ミルカ「多い・少ない、大きい・小さい、高い・低い、広い・狭い、前・後、上・下、含む・含まれる、覆う・覆われる、包む・包まれる……。そういった、私たちがよく親しんでいる関係を抽象化させたもの。それを数学では**順序関係**という。ある集合に対して順序関係を定めたとき、その集合と順序関係を組にして**順序集合**と呼ぶ。集合から順序集合を構成することを、『集合に**順序構造を入れる**』と表現することもある」

ミルカさんが《講義》モードに入ったらしい。

僕「順序関係と、順序集合と、順序構造……」

ミルカ「4 ビットのビットパターン全体の集合に B_4 と名前を付ける。このハッセ図で示されている順序関係について詳しく見ていこう」

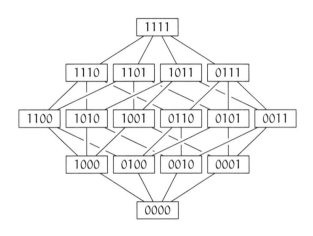

$$B_4 = \{0000, 0001, 0010, \ldots, 1111\}$$

僕「いいよ」

ミルカ「まず最初に順序関係を表す記号 $\preceq$ を導入しよう。数の大小関係に惑わされないように、

$$\leqq$$

から形を変えた、

$$\preceq$$

を使うことにする」

僕「なるほど」

ミルカ「x と y を B_4 の要素とし、このハッセ図で、

x から n 個の辺をたどって上に進み、y まで行ける

という関係を、

$$x \preceq y$$

と表すことにする。ただし、n は 0 以上の整数とする。$n = 0$ でもいい。つまり、辺をまったくたどらない、

$$x \preceq x$$

も成り立つものとする」

僕「うん、それじゃ、たとえば、

$0001 \preceq 0001$ 　 0001 から 0 個の辺をたどって上に進み、0001 まで行ける

$0001 \preceq 0011$ 　 0001 から 1 個の辺をたどって上に進み、0011 まで行ける

$0001 \preceq 1101$ 　 0001 から 2 個の辺をたどって上に進み、1101 まで行ける

などが成り立つわけだね？」

ミルカ「そういうこと。では、**クイズ**だ。$1111 \preceq x$ を満たす x は存在するだろうか」

僕「1111 は一番上にあるから、そんな x は存在しない……いや、存在するね。1111 自身がある。$1111 \preceq x$ を満たす x は 1111 だけ」

ミルカ「それでいい。では、次の**クイズ**。0001 $\preceq$ 1100 は成り立つだろうか」

僕「0001 $\preceq$ 1100 は成り立たないね。0001 から辺をたどって上に進んでも 1100 までは行けないから」

ミルカ「そうだ。0001 $\preceq$ 1100 は成り立たないし、左右を逆にした 1100 $\preceq$ 0001 も成り立たない」

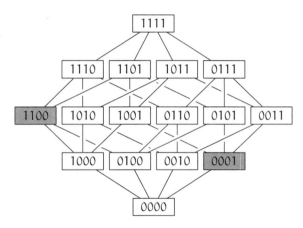

0001 $\preceq$ 1100 と 1100 $\preceq$ 0001 のどちらも成り立たない

僕「ねえ、ミルカさん。ということは、0001 と 1100 では順序が付かないよね。それでも、順序関係があるといえるの？」

ミルカ「いえる。数学で順序関係というときには、2 つの要素 x と y に対して $x \preceq y$ または $y \preceq x$ のいずれかが成り立つことは求めない。だから、順序関係のことを**半順序関係**ということもある」

僕「半順序関係……」

ミルカ「2つの要素 x と y に対して、必ず $x \preceq y$ または $y \preceq x$ が成り立つことまで保証されている順序関係を表すためには、**全順序関係**という別の用語がある。全順序関係は半順序関係でもあるが、半順序関係は全順序関係とは限らない。全順序関係は要素が一列に並ぶが、半順序関係は一列に並ぶとは限らない」

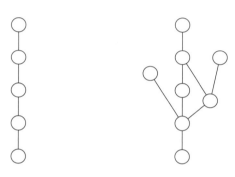

全順序関係　　　　　　　　半順序関係
（半順序関係でもある）　　（全順序関係ではない）

僕「なるほど」

ミルカ「たとえば、実数全体の集合に数の大小関係 $\leqq$ で入れた順序関係は全順序関係といえるし、半順序関係でもある。それに対して、集合 B_4 に $\preceq$ で入れた順序関係は全順序関係ではないが、半順序関係ではある……それはさておき**問題**だ。私たちは集合 B_4 に対して $x \preceq y$ という関係を定義した。この $x \preceq y$ を、ビット単位の論理和 | を使って表してみよう」

問題 5-1（順序関係の表現）

4 ビットのビットパターン全体からなる集合を B_4 とする。B_4 の要素 x, y に対し、

　　x から n 個の辺をたどって上に進み、y まで行ける

という関係を、

$$x \preceq y$$

で表す。ただし、n は 0 以上の整数とする。この $x \preceq y$ を、ビット単位の論理和 | を使って表せ。

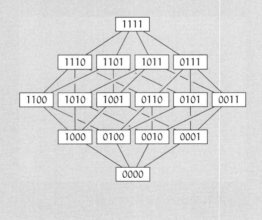

僕「ええ……？」

　僕は考える。$x \preceq y$ というのはビットパターン同士の関係。それをビット単位の論理和 | を使って表現する……その問題の意味はよくわかる。しかし、どう考えればいいのだろう。

204 第5章 ブール代数

> ビット単位の論理和
>
> $$0 \mid 0 = 0 \qquad\qquad 両方が 0 のときだけ 0$$
> $$0 \mid 1 = 1$$
> $$1 \mid 0 = 1$$
> $$1 \mid 1 = 1$$

ミルカ「……」

僕「$x \preceq y$ はどういう関係か……ハッセ図でいえば、

x から n 個の辺をたどって上に進み、y に行ける

ということ。ビットパターンでいえば、

x から n 個の 0 を 1 に変えて、y に行ける

ということだよね。たとえば、00<u>0</u>1 の 0 を 1 にすれば 00<u>1</u>1 が得られるから、$0001 \preceq 0011$ は成り立つ……でも、それをどうやってビット単位の論理和 | で表せる？」

ミルカ「まさにそれを問うているのだが」

僕「うーん……そうか、x が持っている 0 を何個か 1 に変えることで y になったということは、x で 1 になっているところは y でも 1 になっているはず。つまり、x の 1 はすべて y の 1 で覆い隠されていることになるね」

ミルカ「ふむ」

僕「でも——それをいったいどうすればビット演算で表せる？」

しばらく考えたけど、結論は出ない。

ミルカ「降参かな」

僕「うーん、降参」

ミルカ「こう表せる」

解答 5-1（順序関係の表現）

$x \preceq y$ は、

$$x \mid y = y$$

と表せる。

僕「ええ？ これでいいのかなあ……まず左辺の $x \mid y$ は、ビット
単位の論理和だから、x と y のどちらかに 1 があったら 1 に
なる。もちろんビットごとに考えるんだけど。それが右辺の
y に等しい……そうか、確かに！ x の 1 を y の 1 が覆って
いることになるね！」

ミルカ「もちろんこれは、$x \preceq x$ でも合っている。$x \mid x = x$ は
常に成り立つからだ。いまはビット単位の論理和 $\mid$ を使って
$x \preceq y$ を表したけれど、ビット単位の論理積 & を使って

$$x = x \,\&\, y$$

と表すこともできる」

僕「へえ……」

5.4 上界と下界

ミルカ「順序関係 $x \preceq y$ をビット単位の論理和や論理積で表した。今度は $x \mid y$ と $x \& y$ を順序関係で表そう」

僕「順序関係で表す？」

ミルカ「$x \preceq a$ を満たす a のことを、x のみを要素に持つ集合 $\{x\}$ の**上界**という。上界は 1 個とは限らない。例を挙げよう。

$\{1100\}$ の上界は $1100, 1101, 1110, 1111$ の 4 個ある。

また、

$\{0101\}$ の上界は $0101, 0111, 1101, 1111$ の 4 個ある。

ハッセ図で見ればすぐわかる」

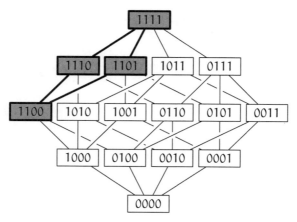

$\{1100\}$ **の上界は** $1100, 1101, 1110, 1111$

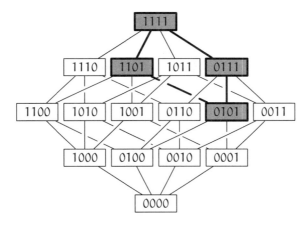

{0101} の上界は 0101, 0111, 1101, 1111

僕「{x} の上界はいわば《x 以上》の要素なんだね」

ミルカ「そうだ。同じように集合 $\{x_1, x_2\}$ の上界というのは、$x_1 \preceq a$ と $x_2 \preceq a$ の両方を満たす a のことだ」

僕「なるほど」

ミルカ「では、**クイズ**だ。{1100, 0101} の上界は？」

僕「それは簡単だよ。{1100} の上界と、{0101} の上界が重なったところにある要素だよね。つまり 1101 と 1111 の 2 個」

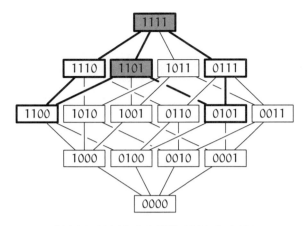

$\{1100, 0101\}$ の上界は 1101 と 1111

ミルカ「それでいい。さて、上界の最小元がもし存在したら、それを **上限**(じょうげん)という。上界の最小元とは、上界の任意の要素 x に対して $a \preceq x$ が成り立つような上界の要素 a のことだ。上限は、最小上界といってもいい」

僕「用語がいろいろ出てくるね。最小上界が上限」

ミルカ「また**クイズ**だ。$\{1100, 0101\}$ の上限は?」

僕「上界はさっき求めていたから、1101 と 1111 のうち小さい方……つまり、1101 ということ?」

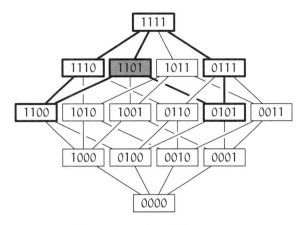

$\{1100, 0101\}$ の上限は 1101

ミルカ「その通り」

僕「ハッセ図だと、上限は《最初の共通祖先》とわかるね」

ミルカ「《自分の祖先》に自分自身を含めるならば、そうだな」

僕「あっ、そうか」

ミルカ「順序関係を使って上限を定義した。さてここだ」

僕「？」

ミルカ「1100 と 0101 のビット単位の論理和 1100 | 0101 は、$\{1100, 0101\}$ の上限に等しい。どちらも 1101 になる」

$$1100 \mid 0101 = 1101 = \{1100, 0101\} \text{ の上限}$$

僕「はあ？　急にビット単位の論理和が出てきたぞ」

ミルカ「集合 B_4 の任意の要素 x_1, x_2 に対して、

$$x_1 \mid x_2 = \{x_1, x_2\} \text{ の上限}$$

が成り立つ。ビット単位の論理和を順序関係で表せた」

僕「そうか……びっくりしてしまったけれど、納得できるね。

- x_1 の上界は、x_1 が持つ 0 を何個か 1 に変えて得られるビットパターン。
- x_2 の上界は、x_2 が持つ 0 を何個か 1 に変えて得られるビットパターン。

そして、$\{x_1, x_2\}$ の上界は、その重なっている部分なんだから、x_1 からも x_2 からも 0 を 1 に変えて得られるビットパターン。そのうちで最小のビットパターンは x_1 と x_2 の 1 を持ち寄って合わせたものになる。つまり、x_1 と x_2 に対するビット単位の論理和」

ミルカ「上界と上限の上下を反転させたものもある。**下界**と**下限**だ。下限は最大下界といえる」

僕「上下を反転……こうなるんだね」

上界	←----→	**下界**
上限（最小上界）	←----→	**下限（最大下界）**

ミルカ「ビット単位の論理和を上限で表せたのと同じように、ビット単位の論理積は下限で表せる」

$$x_1 \mathbin{\&} x_2 = \{x_1, x_2\} \text{ の下限}$$

僕「たとえば 1100 & 0101 = 0100 になっていて、{1100, 0101} の下限も確かに 0100 になってるね。なるほど」

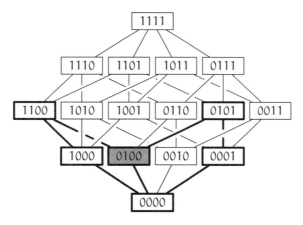

{1100, 0101} の下限は 0100

5.5 最大元と最小元

ミルカ「B_4 に入れた順序関係 $\preceq$ で、B_4 の**最大元**は 1111 だ」

僕「B_4 の任意の要素 x について $x \preceq 1111$ がいえるからだね」

ミルカ「B_4 の任意の要素 x について $x \preceq 1111$ がいえ、さらに 1111 が B_4 の要素だから」

僕「1111 が集合 B_4 の最大元である——というためには、1111 が B_4 の要素であることまでいわなくちゃいけないのか」

ミルカ「そうだ。一般に、集合 S の最大元が a であるというの

212　第5章　ブール代数

　　は、S の任意の要素 x について x ⪯ a がいえ、さらに a が S
　　の要素であることをいう。また、集合 S の最小元が a である
　　というのは、S の任意の要素 x について a ⪯ x がいえ、さら
　　に a が S の要素であることをいう」

僕「わかったよ。そういえば、上界の最小元を求めるときには、
　　その最小元は上界の要素の中から探したね（p. 208)」

ミルカ「1111 は B_4 という集合全体の唯一の上界であり、上限で
　　もある。1111 が最大元であることは、ビット演算を使っても
　　表せる。B_4 の任意の要素 x について、

$$x \mid 1111 = 1111$$

　　が成り立つ」

僕「なるほど、なるほど。そして、これもまた上下を反転でき
　　るよ。B_4 の**最小元**は 0000 で、B_4 の任意の要素 x について
　　$0000 \preceq x$ がいえる。0000 は B_4 全体の唯一の下界であり、
　　下限でもある。0000 が最小元であることを、ビット演算を
　　使って表すと、B_4 の任意の要素 x について、

$$x \mathbin{\&} 0000 = 0000$$

　　が成り立つ！　B_4 の順序関係 ⪯ とビット演算でうまく対応
　　が付いているね」

ミルカ「ふむ。成り立っている式の、⪯ の両辺を交換して、0 と
　　1 を反転して、& と | を交換してもやはり成り立つ。このよ
　　うな性質のことを**双対**という。ところで、順序関係とビット
　　演算がうまく対応付いているというなら、

　　　　ビット反転を順序関係で表す

ことはできるかな」

5.6 補元

僕「x のビット反転 $\bar{x}$ を順序関係で表す……うっ、それは難しそうだぞ。たとえば 1110 をビット反転すると、

$$\overline{1110} = \overline{1}\,\overline{1}\,\overline{1}\,\overline{0} = 0001$$

で 0001 だけど、1110 と 0001 はどういう順序関係にあるんだろう」

僕はハッセ図をたどりながら考える。

ミルカ「すでに得た知識を使えばいい」

僕「たとえば、1110 | 0001 = 1111 になるのはわかるんだよ。つまり、$x \mid y$ が最大元になるということだよね」

ミルカ「$x \mid y$ は順序関係で表せるが？」

僕「あっ、そうか。$\{1110, 0001\}$ の上限が 1111 という最大元に等しいといえばいいんだ。だったらこうだね？」

$$\bar{x} = a \quad \Longleftrightarrow \quad \{x, a\} \text{ の上限} = \text{最大元} \quad (?)$$

ミルカ「いや、それだけでは足りない。正しくはこう」

$$\bar{x} = a \quad \Longleftrightarrow \quad \begin{array}{l} \{x, a\} \text{ の上限} = \text{最大元} \\ \overset{\text{かつ}}{} \\ \{x, a\} \text{ の下限} = \text{最小元} \end{array}$$

僕「やられた。確かに上と下の両方が要るか。$\overline{1110} = 0001$ を

214 第5章 ブール代数

ハッセ図で調べるとこうなるね」

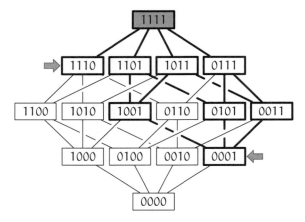

$\{1110, 0001\}$ の上限は最大元 1111 に等しい

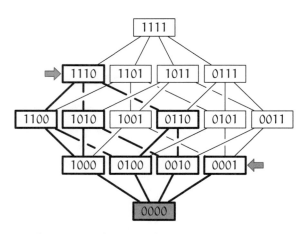

$\{1110, 0001\}$ の下限は最小元 0000 に等しい

ミルカ「$\{x, a\}$ の上限が最大元に等しく、$\{x, a\}$ の下限が最小元に等しいとき、a のことを x の**補元**という。集合 B_4 では、x の補元は x のビット反転 $\bar{x}$ に等しい」

僕「補元……」

5.7 順序の公理

ミルカ「ところで君は順序関係の定義を知っているかな。つまり、$\preceq$ が B_4 の順序関係になっていることを確かめたいときはどうするか」

僕「推移律を確かめればよかったんだっけ？」

ミルカ「いや、推移律だけでは足りない。一般的には、反射律、反対称律、推移律を確かめる。これが**順序の公理**だ」

216　第5章　ブール代数

順序の公理

x と y と m は集合 B の任意の要素とする。

反射律　$x \preceq x$ である。
反対称律　$x \preceq y$ かつ $y \preceq x$ ならば $x = y$ である。
推移律　$x \preceq m$ かつ $m \preceq y$ ならば $x \preceq y$ である。

- 集合 B と、B 上の二項関係 $\preceq$ が、
  反射律、反対称律、推移律を満たすとき、
  $\preceq$ を B 上の**順序関係**という。
- 集合 B と、B 上の順序関係 $\preceq$ の組 $(B, \preceq)$ を、
  順序集合という。
- 集合 B を、順序集合 $(B, \preceq)$ の**台集合**という。
- 二項関係 $\preceq$ が明確なときは $(B, \preceq)$ の $\preceq$ を省略して
  「集合 B は順序集合である」ということもある。

ミルカ「ここでは一般的な集合として B と表現したけれど、私たちが考えるのは B_4 だ。$(B_4, \preceq)$ は順序の公理を満たしている順序集合だ」

僕「**反射律**の $x \preceq x$ という式は《自分は自分以上である》といってるわけだね」

ミルカ「まあそうだ。$\preceq$ ではなく $\prec$ を使って順序関係を定義するときには反射律は使わないが、それはまた別の流儀の話」

僕「**反対称律**は、$x \preceq y$ かつ $y \preceq x$ ならば $x = y$ である……これは、数の性質として考えると当たり前に感じるけど」

ミルカ「順序の公理は、順序関係が満たしていてほしいことを端的に表している。では、反対称律が排除している状況はわかるかな」

僕「排除しているってどういう意味？」

ミルカ「もしも、反対称律が満たされなかったら、私たちがいま求めている《順序らしさ》の一部を失う。反対称律によって保証される《順序らしさ》とはいったい何か」

僕「抽象的なクイズだなあ——ええと、反対称律がなかったらどうなるかを考えろってこと？」

ミルカ「そういうこと」

僕「もしも反対称律が`ない`としたら、

$$x \preceq y \text{ かつ } y \preceq x \text{ なのに、} x = y \text{ ではない}$$

というような x と y が存在するわけで……そうか、こんな x と y が存在してしまうことになるね。x から y に矢印が向かうことで $x \preceq y$ を表すよ」

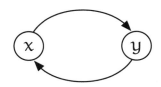

反対称律がないとしたら

ミルカ「そういうこと」

僕「反対称律は方向性のようなものを守ってくれているんだね」

ミルカ「方向性を守っているともいえるし、反対称性を守っているともいえる」

僕「なるほどね」

ミルカ「反射律、反対称律、推移律という各公理はそれぞれに、いま表したい順序らしさを守るためにあるのだ」

僕「**推移律**は有名だし、よくわかるよ。$x \preceq m$ かつ $m \preceq y$ ならば $x \preceq y$ であるというのは、順序関係だったら確かに満たしてほしい条件だね。だって、m が x 以上で、y がその m 以上だったら、y はもちろん x 以上であってほしい。さもないと順序が狂った感じになるし」

ミルカ「ハッセ図で $x \preceq y$ が成り立つすべての x と y を辺で結ばなくても順序関係を表せるのは、推移律があるからだ」

僕「なるほど」

ミルカ「ハッセ図での辺に上向きの矢印を付けてみよう。推移律は、矢印の延長でたどり着ける要素はすべて大きいことを示

している。たとえば、0011 よりも大きな要素は 1111 と 1011 と 0111 の 3 個ある」

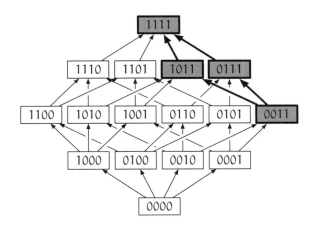

僕「うんうん」

ミルカ「ハッセ図では《次に大きい》ものや《次に小さい》ものだけを繋げばいい。推移律があるからあとはどんどん仮想的に辺を延長できるのだ」

僕「確かにそうだね」

ミルカ「ところで、B_4 に入れることができる順序関係は一種類ではない。たとえば、ビットパターン 0001 と 1100 ではどちらが《大きい》かというのは、どんな順序関係を入れているかによって変わる。たとえば、2 進法として考えると?」

僕「2 進法で考えると $(0001)_2 = 1$ で、$(1100)_2 = 12$ だから、0001 よりも 1100 の方が大きいね」

ミルカ「しかし、符号付きで考えるなら 0001 は 1 で、1100 は —4 だから、1100 の方が小さくなる。つまり、順序関係というのは定義次第だ」

僕「定義次第でどんな順序関係も作れるということなんだね」

ミルカ「そうだ。しかし、その名前──順序関係──を冠するためには、満たさなければならない条件がある。それが順序の公理、すなわち反射律・反対称律・推移律だ」

僕「公理が《順序らしさ》を表現していることになるんだね」

ミルカ「ビット演算の場合には順序の公理に加えて、| と & に関する**分配律**が成り立つ」

分配律

$$x \mathbin{\&} (y_1 \mathbin{|} y_2) = (x \mathbin{\&} y_1) \mathbin{|} (x \mathbin{\&} y_2)$$
$$x \mathbin{|} (y_1 \mathbin{\&} y_2) = (x \mathbin{|} y_1) \mathbin{\&} (x \mathbin{|} y_2)$$

僕「この二つも双対になってるね」

ミルカ「さあこれで、準備が整った」

僕「何の準備？」

ミルカ「**ブール代数**を定義する準備だよ」

- 集合 B があるとしよう。
- 集合 B で定義されている二項関係 $\preceq$ があるとしよう。

- 集合 B と二項関係 $\preceq$ の組 $(B, \preceq)$ を考える。
- 反射律、反対称律、推移律を満たす組 $(B, \preceq)$ を、**順序集合**という。
- 任意の二要素 x, y からなる集合 $\{x, y\}$ に対し、必ず上限と下限が存在する順序集合を、**束**という。
- 分配律を満たす束を、**分配的束**という。
- 最大元と最小元が存在し、任意の要素に補元が存在する束を、**相補的束**という。
- 分配的で相補的な束を、**ブール束**という。
- ブール束は、ブール代数の公理[1]を満たすので、**ブール代数**である。

僕「世界を巡っているようで、おもしろい！」

ミルカ「君が望むなら、もっと行ける」

僕「え？」

5.8 論理と集合

ミルカ「0 と 1 の並びから、世界が広がる。2 進法と見なして**数**のことを考える。ビットパターンと見なして**コンピュータ**のことを考える」

僕「ピクセルと見なして**画像**のことを考える？」

ミルカ「たとえば、そういうこと」

---

[1] 付録：ブール代数の公理（p. 233）参照。

222　第5章　ブール代数

　彼女は僕の目をじっと見る。

僕「それで……」

ミルカ「0 を偽、1 を真と見なして**論理**のことを考えるのもいい」

僕「たとえば 0011 なら、偽偽真真という具合に？」

ミルカ「そのうちに、**集合**のことを考えたくなる。たとえば、

$$S = \{1, 2, 3, 4\}$$

　　という 4 個の要素を持つ集合 S だ」

僕「なるほど、それで？」

ミルカ「集合でもっとも基本となるのは、ある要素 x が集合 S に
　　属しているかどうかの判定、すなわち、

$$x \in S$$

　　になる」

僕「集合は要素で決まるんだから、そりゃそうだね」

ミルカ「そうだ。**集合は要素で決まる**。だから、1, 2, 3, 4 という
　　4 個の要素のそれぞれが、集合 S の部分集合に属しているか
　　否かを決めるなら、部分集合は 4 ビットのビットパターンと
　　一対一に対応する」

僕「え、ちょっと待って、何だって？」

ミルカ「たとえば、部分集合 $\{3, 4\}$ を 0011 に対応させよう」

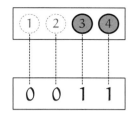

集合 $S = \{1,2,3,4\}$ の部分集合 $\{3,4\}$ と、0011 との対応

僕「なるほどね。どの要素が属するか、属さないかをビットパターンで表現していると考えるわけか」

ミルカ「そう考えると、部分集合を繋ぐハッセ図が描ける」

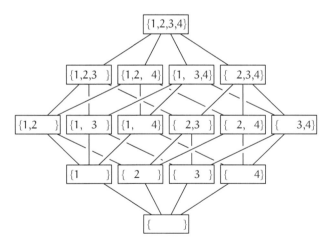

部分集合を繋ぐハッセ図

僕「それはそうだね。ビットパターンを繋ぐ場合には、0 を 1 に変えていくことで、0000 から 1111 まで上っていった。

ここでは、要素を加えていくことで、空集合 $\{\,\}$ から全体集合 $\{1, 2, 3, 4\}$ まで上っていった。《0 を 1 に変える》という《ビットパターンへの操作》は、《新たな要素を加える》という《集合への操作》に対応するんだね」

ミルカ「集合 S の冪集合 $\mathcal{P}(S)$ に対して、集合の包含関係を使って順序関係 $\subset$ を入れたわけだ。順序集合 $(\mathcal{P}(S), \subset)$ が作られた」

僕「なるほど。このハッセ図では S の部分集合同士の順序関係を表している。だから部分集合全体の集合である $\mathcal{P}(S)$ に対して順序関係を入れたといえるんだね。ちょうど、4 ビットのビットパターン全体の集合 B_4 に対して順序関係 $\preceq$ を入れて順序集合 $(B_4, \preceq)$ を作ったのに対応している」

$$B_4 = \{0000, 0001, 0010, \ldots, 1111\}$$
$$\mathcal{P}(S) = \Big\{\ \{\,\}, \{4\}, \{3\}, \ldots, \{1, 2, 3, 4\}\ \Big\}$$

ミルカ「そうなる。ビット演算と集合演算が対応する」

$$
\begin{array}{ccc}
x \preceq y & \longleftarrow\!\!\!-\!\!\!\longrightarrow & x \subset y \\
x \mid y & \longleftarrow\!\!\!-\!\!\!\longrightarrow & x \cup y \\
x \mathbin{\&} y & \longleftarrow\!\!\!-\!\!\!\longrightarrow & x \cap y \\
\bar{x} & \longleftarrow\!\!\!-\!\!\!\longrightarrow & \bar{x}
\end{array}
$$

僕「おもしろいな。ビット単位の論理和が集合の**結び**に対応し、ビット単位の論理積が集合の**交わり**に対応するのか！」

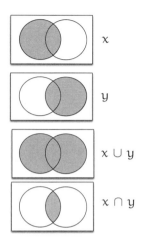

集合の結び ∪ と交わり ∩（ヴェン図）

ミルカ「ビット反転は、集合 x の補集合 x̄ = S \ x に対応する。補集合の《補》は補元の《補》。コンプリメント^{complement}だな」

僕「概念が繋がっていろんな姿を見せるなあ……」

5.9 約数と素因数分解

ミルカ「別の姿も見よう。210 の**約数**は何個あるか」

僕「210 の約数——まずは 210 を素因数分解するよね」

$$210 = 2 \times 3 \times 5 \times 7$$

ミルカ「それで？」

僕「210 の約数は、210 を割り切る数。つまり、$2 \times 3 \times 5 \times 7$ を

割り切る数。だから、2, 3, 5, 7 という 4 個の素数からいくつか選んで掛け合わせたものが 210 の約数になるから、約数は 2^4 で 16 個ある――ああ、これもか！」

ミルカ「気付いた？」

僕「気付いた。さっきと同じ一対一対応が作れるね。たとえば、210 の約数の 1 つに $35 = 5 \times 7$ があるけど、これは、2, 3, 5, 7 のうち《2 と 3 を選ばず、5 と 7 を選んだもの》といえる。選ばない数に 0 を、選んだ数に 1 を対応させれば 0011 に対応する」

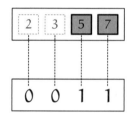

210 の約数 5×7 と、0011 との対応

ミルカ「そしてまた《同じ》ハッセ図が描けるわけだ」

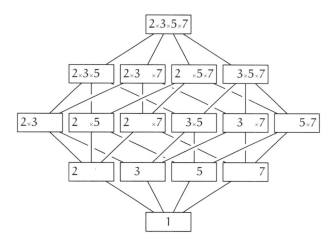

約数を繋ぐハッセ図

僕「なるほど。辺をたどって上に進むことは、いままでなかった素因数を 1 個あらたに掛け合わせることに相当するね」

ミルカ「そういうこと」

僕「《ビットパターン》と《部分集合》と《約数》でハッセ図が《同じ》になるのはおもしろいね。まったく違う分野なのに」

ミルカ「ビットパターンで 1 になるビットを増やしていく。部分集合に新たな要素を加えていく。約数に新たな素因数を掛け合わせる。やっていることは違うけれど、ハッセ図にすれば《同じ》に見える。これらがみな《同じ》順序構造——

　　同型な順序構造

——を持っているからだ。ビットパターン、集合、約数……すべてをブール代数の目で見ることができる」

僕「違う分野なのに、対応する概念があるのがおもしろいな！ いくらでもおもしろいものが見つかりそうだ。ここからどこまで行けるんだろう」

ミルカ「君が望むなら、どこまでも」

ミルカさんは、そう言って微笑んだ。

"「2」が「リンゴ 2 個」を表せなかったら、何の役に立つか。"

第5章の問題　229

第5章の問題

●問題 5-1 （ハッセ図）

3 ビットのビットパターン全体の集合を B_3 とします。

$$B_3 = \{000, 001, 010, 011, 100, 101, 110, 111\}$$

集合 B_3 に対して、①〜④の順序関係を入れたときのハッセ図をそれぞれ描いてください。

① x のビットパターンのうち n 個の 0 を 1 に変えたものが y であることを $x \preceq y$ とする（$n = 0, 1, 2, 3$）。

② 《x の 1 の個数》 $\leqq$ 《y の 1 の個数》であることを $x \preceq y$ とする。

③ ビットパターンを 2 進法として解釈し、$x \leqq y$ であることを $x \preceq y$ とする。

④ ビットパターンを 2 の補数表現（符号付き）として解釈し、$x \leqq y$ であることを $x \preceq y$ とする。

（解答は p. 268）

230　第5章　ブール代数

●**問題 5-2**（じゃんけん）

じゃんけんの手からなる集合を J とします。

$$J = \{\text{グー}, \text{チョキ}, \text{パー}\}$$

J の要素 x と y に対して、

　　x に y が勝つ、または、x と y があいこになる

という関係を、

$$x \preceq y$$

と表すことにします。たとえば、

$$\text{チョキ} \preceq \text{グー}$$

が成り立ちます。このとき $(J, \preceq)$ は順序集合になりますか。

（解答は p. 271）

●**問題 5-3**（ビットパターンの順序関係）

本文では、順序集合 $(B_4, \preceq)$ をビット単位の論理和と論理積で表しました（p. 205 参照）。ところで、x と y を B_4 の要素とするとき、

$$x \,|\, y = y \quad \Longleftrightarrow \quad x \,\&\, y = x$$

が成り立つことを証明してください。

（解答は p. 272）

●問題 5-4 （ド・モルガンの法則）

ビット演算では、以下の**ド・モルガンの法則**が成り立ちます。

$$\overline{x \mathrel{\&} y} = \bar{x} \mid \bar{y}$$

$$\overline{x \mid y} = \bar{x} \mathrel{\&} \bar{y}$$

集合代数でも、同様のド・モルガンの法則が成り立ちます。

$$\overline{x \cap y} = \bar{x} \cup \bar{y}$$

$$\overline{x \cup y} = \bar{x} \cap \bar{y}$$

210 の約数全体の集合に対して、

$$x \preceq y \iff 《x は y の約数である》$$

という順序関係 $\preceq$ を入れたブール代数でもド・モルガンの法則は成り立ちますが、どのような式で表せますか。

（解答は p.273）

232　第5章　ブール代数

●**問題 5-5**（マークの順序関係）

時計の文字盤の 12 時のところから始めて、等間隔に丸印を配置した 6 種類のマークを作りました。マーク全体の集合 M は、

$$M = \{ \, \bullet\!\!\circ, \, \bullet\!\!\circ, \, \bullet\!\!\circ, \, \bullet\!\!\circ, \, \bullet\!\!\circ, \, \circ \, \}$$

となります。x と y を集合 M の要素として、

　　x に y を重ねたとき、
　　x のすべての丸印を y の丸印が覆い隠す

という関係を、

$$x \preceq y$$

と表すことにします。たとえば、

　　● $\preceq$ ○ は成り立ちます。

　　● $\preceq$ ● は成り立ちません。

順序集合 $(M, \preceq)$ のハッセ図を描いてください。

（解答は p.275）

付録：ブール代数の公理

B を少なくとも 2 個の要素を持つ集合とし、x, y, z を B の任意の要素とする。

- 集合 B は**最小元**と呼ばれる要素 **0** を持つ。
- 集合 B は**最大元**と呼ばれる要素 **1** を持つ。
- 集合 B には二項演算 $\vee$ が定義されており、
  $x \vee y$ を x と y の**結び**と呼ぶ。
- 集合 B には二項演算 $\wedge$ が定義されており、
  $x \wedge y$ を x と y の**交わり**と呼ぶ。
- 集合 B には単項演算 $\bar{}$ が定義されており、
  $\bar{x}$ を x の**補元**と呼ぶ。

このとき、以下の公理をすべて満たす組 $(B, \mathbf{0}, \mathbf{1}, \vee, \wedge, \bar{})$ を、**ブール代数**という。

交換律	$x \vee y = y \vee x$	$x \wedge y = y \wedge x$
同一律	$x \vee \mathbf{0} = x$	$x \wedge \mathbf{1} = x$
補元律	$x \vee \bar{x} = \mathbf{1}$	$x \wedge \bar{x} = \mathbf{0}$
分配律	$x \vee (y \wedge z) = (x \vee y) \wedge (x \vee z)$	
	$x \wedge (y \vee z) = (x \wedge y) \vee (x \wedge z)$	

234 第5章 ブール代数

付録：ブール代数の例と対応関係

台集合	順序関係	最小元	最大元	結び	交わり	補元
B	$x \preceq y$	0	1	$x \vee y$	$x \wedge y$	$\bar{x}$
B_4	$x \preceq y$	0000	1111	$x \mid y$	$x \mathbin{\&} y$	$\bar{x}$
$\mathcal{P}(S)$	$x \subset y$	$\{\}$	S	$x \cup y$	$x \cap y$	$S \setminus x$
D_{210}	x は y の約数	1	210	$\mathrm{lcm}(x, y)$	$\gcd(x, y)$	$210/x$
D_{210}	x は y の倍数	210	1	$\gcd(x, y)$	$\mathrm{lcm}(x, y)$	$210/x$

- $\mathcal{P}(S)$ は、集合 S の冪集合[*2]を表す。
- $x \subset y$ は、集合 x が集合 y の部分集合であることを表し、ここでは $x = y$ の場合も含んでいる。$x \subseteq y$ や $x \subseteqq y$ と書く場合もある。
- $S \setminus x$ は、差集合 $\{a \mid a \in S$ かつ $a \notin x\}$ を表す。
- B_4 は、4 ビットのビットパターン全体の集合を表す。
- D_{210} は、210 の約数全体の集合を表す。
- $\mathrm{lcm}(x, y)$ は、x と y の最小公倍数[*3]を表す。
- $\gcd(x, y)$ は、x と y の最大公約数[*4]を表す。
- $210/x$ は、210 割る x を表す。

[*2] 集合 S の冪集合は、集合 S の部分集合全体の集合です。
[*3] 最小公倍数（least common multiple）
[*4] 最大公約数（greatest common divisor）

エピローグ

ある日、あるとき。数学資料室にて。

少女「うわあ、いろんなものあるっすね！」

先生「そうだね」

少女「先生、これは何？」

0000	0001	0011	0010
0100	0101	0111	0110
1100	1101	1111	1110
1000	1001	1011	1010

先生「何だと思う？」

少女「0000 から 1111 までのビットパターン 16 個」

先生「この配置をどう見るか」

少女「1 行目は 00** のビットパターンで、2 行目は 01** のパターンで……上位と下位の 2 ビットずつで分けた配置ですか」

236　エピローグ

	**00	**01	**11	**10
00**	0000	0001	0011	0010
01**	0100	0101	0111	0110
11**	1100	1101	1111	1110
10**	1000	1001	1011	1010

先生「順序はどうだろう」

少女「横に進んでも縦に進んでも 1 ビットずつしか変化しません」

先生「そうだね。右端から左端、下端から上端に戻れる」

0000	0001	0011	0010
0100	0101	0111	0110
1100	1101	1111	1110
1000	1001	1011	1010

0000	0001	0011	0010
0100	0101	0111	0110
1100	1101	1111	1110
1000	1001	1011	1010

少女「ということは無限に敷き詰められる……」

先生「横と縦だけじゃなく、こんなふうに巡ることもできるよ」

0000	0001	0011	0010
0100	0101	0111	0110
1100	1101	1111	1110
1000	1001	1011	1010

少女「こんなふうにも巡れます！」

0000	0001	0011	0010
0100	0101	0111	0110
1100	1101	1111	1110
1000	1001	1011	1010

先生「4ビットだと、1ビット変化させる方法は4通りある」

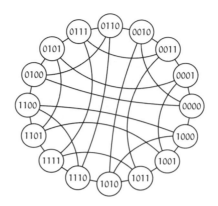

少女「でも、辺が交わっちゃいますね……」

先生「辺が交わるのが嫌なら、次元を上げればいい」

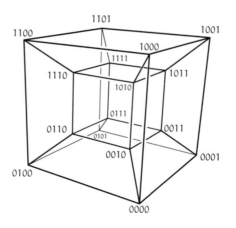

少女「先生、すごい！」

先生「もちろん、辺をたどってすべての頂点を巡ることができる」

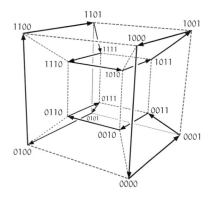

少女「最上位ビットが0の下半分と、最上位ビットが1の上半分に分けられるっすね！」

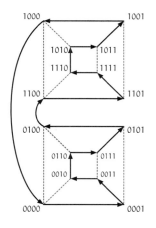

少女はそう言って「くふふっ」と笑った。

【解答】
A N S W E R S

242 解答

第1章の解答

●**問題 1-1**（指の上げ下げ）
本文では指の上げ下げを使って $0, 1, 2, 3, \ldots, 31$ の 32 通りの
数を 2 進法で表しました。その 32 通りのうち「人差し指を
上げている」のは何通りあるでしょうか。

■解答 1-1
　5 本指のうち人差し指を上げた状態を固定して、残りの指 4 本
だけの上げ下げを考えることになります。したがって、$2^4 = 16$
通りの場合があります。

答 16 通り

補足
　16 通りになるのは人差し指を固定したときに限りません。どの
指を固定したとしても、固定する指が 1 本ならば、16 通りの場合
があります。

第1章の解答 243

●**問題 1-2**（2 進法で表す）

10 進法で表された①〜⑧の数を、2 進法で表してください。

例 $12 = (1100)_2$

① 0
② 7
③ 10
④ 16
⑤ 25
⑥ 31
⑦ 100
⑧ 128

■**解答 1-2**

① $0 = (0)_2$
② $7 = (111)_2$
③ $10 = (1010)_2$
④ $16 = (10000)_2$
⑤ $25 = (11001)_2$
⑥ $31 = (11111)_2$
⑦ $100 = (1100100)_2$
⑧ $128 = (10000000)_2$

p. 29 の「39 を 2 進法で表す」方法と同じように、繰り返し 2 で
割って余りを求め、下の位から決めていけば得られます。

なお、2 の冪乗（$2^n = 1, 2, 4, 8, 16, 32, 64, 128, 256, \ldots$）を覚えていると、$2^n, 2^n + 1, 2^n - 1$ の形をしている場合には割り算をしなくても簡単に求められます。以下のように特徴的な 0 と 1 の並びになるからです。

$$2^n = (\underbrace{1000 \cdots 00}_{n})_2$$

$$2^n + 1 = (\underbrace{1000 \cdots 01}_{n})_2$$

$$2^n - 1 = (\underbrace{111 \cdots 11}_{n})_2$$

●問題 1-3（10 進法で表す）

2 進法で表された①〜⑧の数を、10 進法で表してください。

例 $(11)_2 = 3$

① $(100)_2$

② $(110)_2$

③ $(1001)_2$

④ $(1100)_2$

⑤ $(1111)_2$

⑥ $(10001)_2$

⑦ $(11010)_2$

⑧ $(11110)_2$

■解答 1-3

① $(100)_2 = 4$
② $(110)_2 = 4 + 2 = 6$
③ $(1001)_2 = 8 + 1 = 9$
④ $(1100)_2 = 8 + 4 = 12$
⑤ $(1111)_2 = 8 + 4 + 2 + 1 = 15$
⑥ $(10001)_2 = 16 + 1 = 17$
⑦ $(11010)_2 = 16 + 8 + 2 = 26$
⑧ $(11110)_2 = 16 + 8 + 4 + 2 = 30$

246 解答

●**問題 1-4**（16 進法で表す）

プログラミングでは 2 進法や 10 進法だけではなく 16 進法が使われることがあります。16 進法では 16 種類の数字が必要になりますので、10 から 15 まではアルファベットを使います。すなわち、16 進法で使う「数字」は、

$$0, 1, 2, 3, 4, 5, 6, 7, 8, 9, A, B, C, D, E, F$$

の 16 種類になります。以下の数を 16 進法で表記してみましょう。

例 $(17)_{10} = (11)_{16}$
例 $(00101010)_2 = (2A)_{16}$
① $(10)_{10}$
② $(15)_{10}$
③ $(200)_{10}$
④ $(255)_{10}$
⑤ $(1100)_2$
⑥ $(1111)_2$
⑦ $(11110000)_2$
⑧ $(10100010)_2$

■**解答 1-4**

① $(10)_{10} = (A)_{16}$
② $(15)_{10} = (F)_{16}$
③ $(200)_{10} = (C8)_{16}$
④ $(255)_{10} = (FF)_{16}$

⑤ $(1100)_2 = (C)_{16}$

⑥ $(1111)_2 = (F)_{16}$

⑦ $(11110000)_2 = (F0)_{16}$

⑧ $(10100010)_2 = (A2)_{16}$

●問題 1-5 （$2^n - 1$）

n は 1 以上の整数とします。n が素数ではないとき、

$$2^n - 1$$

も素数ではないことを証明してください。

ヒント：「n が素数ではない」というのは「$n = 1$ であるか、または $n = ab$ を満たす 1 より大きい 2 つの整数 a と b が存在する」ことです。

■解答 1-5

証明

　$n = 1$ のとき、$2^n - 1 = 2^1 - 1 = 1$ ですから、$2^n - 1$ も素数ではありません。

　$n > 1$ である整数 n が素数ではないとします。このとき、1 より大きい 2 つの整数 a と b が存在して、

$$n = ab$$

が成り立ちます。すると、$2^n - 1$ は次のように式変形できます。

$$2^n - 1 = 2^{ab} - 1 \qquad\qquad\qquad n = ab \text{ だから}$$
$$= (2^a - 1)(2^{a(b-1)} + 2^{a(b-2)} + \cdots + 2^{a \cdot 0}) \quad \text{因数分解した}$$

ところで、$a > 1$ で $b > 1$ なので、

$$2^a - 1 \qquad \text{と} \qquad 2^{a(b-1)} + 2^{a(b-2)} + \cdots + 2^{a \cdot 0}$$

はどちらも 1 より大きい整数となります。したがって、$2^n - 1$ は素数ではありません。

（証明終わり）

補足[*1]

上の証明に登場した、

$$2^n - 1 = (2^a - 1)(2^{a(b-1)} + 2^{a(b-2)} + \cdots + 2^{a \cdot 0})$$

という因数分解を 2 進法で表すと、

$$(\underbrace{111\cdots1}_{n = ab \text{ 桁}})_2 = (\underbrace{111\cdots1}_{a \text{ 桁}})_2 \cdot (\underbrace{\underbrace{000\cdots01}_{a \text{ 桁}}\underbrace{000\cdots01}_{a \text{ 桁}}\cdots\underbrace{000\cdots01}_{a \text{ 桁}}}_{a \text{ 桁の } 000\cdots01 \text{ が } b \text{ 個}})_2$$

という規則的なパターンになり、$n = ab$ と表せるなら因数分解ができることがわかります。たとえば、$n = 12, a = 3, b = 4$ で具体的に書くと、

$$2^{12} - 1 = (2^3 - 1)(2^{3 \cdot 3} + 2^{3 \cdot 2} + 2^{3 \cdot 1} + 2^{3 \cdot 0})$$
$$(111111111111)_2 = (111)_2 \cdot (001001001001)_2$$

になります。

[*1] この補足は永島孝さんよりヒントをいただきました。

第2章の解答

> ●**問題 2-1**（場合の数）
> 第2章では16個のピクセルが16行並んだ白黒の絵（モノクロ画像）を扱いました。このピクセルを使って表現できるモノクロ画像は、全部で何通りあるでしょうか。

■**解答 2-1**

ピクセル1個ごとに白か黒かの2通りあり、ピクセルは全部で $16 \times 16 = 256$ 個あります。ですから、

$$\underbrace{2 \times 2 \times \cdots \times 2}_{256 \text{個の} 2} = 2^{256}$$

という計算で、2^{256} 通りのモノクロ画像が作れることがわかります。

答 2^{256} 通り

補足

2^{256} という数は、2進位取り記数法で表記すると、

250　解答

10000000000000000000000000000000000000000000000
00000000000000000000000000000000000000000000000
00000000000000000000000000000000000000000000000
00000000000000000000000000000000000000000000000
00000000000000000000000000000000000000000000000
0000000

となります（1 の後に 0 が 256 個続く）。また、同じ数を 10 進位
取り記数法で表記すると、

11579208923731619542357098500868790785326998466564
05640394575840079131296399936

となります。

●問題 2-2（ビット演算）

①〜③のビット演算を行った結果を 2 進法 4 桁で表してくだ
さい。

例　$(\overline{1100})_2 = (0011)_2$

① $(0101)_2 \,|\, (0011)_2$

② $(0101)_2 \,\&\, (0011)_2$

③ $(0101)_2 \oplus (0011)_2$

■解答 2-2

① $(0101)_2 \,|\, (0011)_2 = (0111)_2$

② $(0101)_2 \,\&\, (0011)_2 = (0001)_2$

③ $(0101)_2 \oplus (0011)_2 = (0110)_2$

●問題 2-3(フィルタ IDENTITY を作る)
受信したデータをそのまま送信するフィルタIDENTITYを作ってください。フィルタ IDENTITY をスキャナとプリンタの間にはさんで実行したときの結果は以下のようになります。

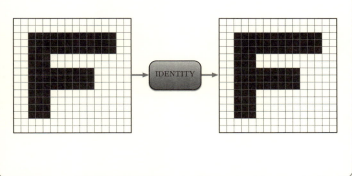

■解答 2-3
受信したデータをそのまま送信すればいいので、以下のようになります。

```
1:  program IDENTITY
2:    k ← 0
3:    while k < 16 do
4:      x ← 〈受信する〉
5:      〈x を送信する〉
6:      k ← k + 1
7:    end-while
8:  end-program
```

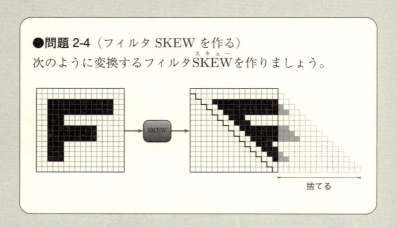

■解答 2-4

k = 0, 1, 2, ..., 15 に対し、受信したデータを k ビット右シフトして送信すればいいので、以下のようになります。

1: **program** SKEW
2:     k ← 0
3:     **while** k < 16 **do**
4:        x ← ⟨受信する⟩
5:        x ← x ≫ k
6:        ⟨x を送信する⟩
7:        k ← k + 1
8:     **end-while**
9: **end-program**

なお、ここでは x ≫ 0 = x としています。
また、5 行目を x ← x div 2^k と変えても同じです。

第2章の解答　253

●問題 2-5（割り算と右シフト）

第 2 章であたし（テトラちゃん）は、

$$x \gg 1 = x \operatorname{div} 2$$

という等式が成り立つことを $x = 8$ と $x = 7$ の場合について確かめただけで納得していました（p. 62）。この等式がどんな x についても成り立つことを証明してください。

ヒント：$x = (x_{15}x_{14} \cdots x_0)_2$ であることを使います。

■解答 2-5

証明

$x_0, x_1, x_2, \ldots, x_{15}$ はいずれも 0 か 1 のどちらかであるとして、どんな x も次のように表せます。

$$
\begin{aligned}
x &= (x_{15}x_{14} \cdots x_0)_2 \\
&= 2^{15}x_{15} + 2^{14}x_{14} + \cdots + 2^1 x_1 + 2^0 x_0
\end{aligned}
$$

またこのとき $x \gg 1$ は次のように表せます。

$$
\begin{aligned}
x \gg 1 &= (x_{15}x_{14} \cdots x_1)_2 \qquad x_0 \text{ は捨てられた} \\
&= 2^{14}x_{15} + 2^{13}x_{14} + \cdots + 2^0 x_1 \qquad \cdots\cdots ①
\end{aligned}
$$

$x \operatorname{div} 2$ を計算します。

$$
\begin{aligned}
x \operatorname{div} 2 &= (x_{15}x_{14}\cdots x_0)_2 \operatorname{div} 2 \\
&= (2^{15}x_{15} + 2^{14}x_{14} + \cdots + 2^1 x_1 + 2^0 x_0)\operatorname{div} 2
\end{aligned}
$$

ここで「各項 $\operatorname{div} 2$」を計算します。

$$
\begin{aligned}
&= (2^{15}x_{15}\operatorname{div} 2) + (2^{14}x_{14}\operatorname{div} 2) \\
&\qquad\qquad + \cdots + (2^1 x_1 \operatorname{div} 2) + (2^0 x_0 \operatorname{div} 2)
\end{aligned}
$$

$2^0 x_0$ は 0 または 1 のいずれかなので $2^0 x_0 \operatorname{div} 2 = 0$ です。

$$
\begin{aligned}
&= (2^{15}x_{15}\operatorname{div} 2) + (2^{14}x_{14}\operatorname{div} 2) \\
&\qquad\qquad + \cdots + (2^1 x_1 \operatorname{div} 2) \\
&= 2^{14}x_{15} + 2^{13}x_{14} + \cdots + 2^0 x_1 \qquad \cdots\cdots ②
\end{aligned}
$$

①と②より、

$$
x \gg 1 = x \operatorname{div} 2
$$

がいえました。

（証明終わり）

第3章の解答 255

第3章の解答

●**問題 3-1**（整数を 5 ビットで表す）
「ビットパターンと整数の対応表（4 ビット）」（p. 108）の
5 ビット版を作ってください。

ビットパターン	符号無し	符号付き
00000	0	0
00001	1	1
00010	2	2
00011	3	3
⋮	⋮	⋮

256 解答

■解答 3-1

ビットパターン	符号無し	符号付き
00000	0	0
00001	1	1
00010	2	2
00011	3	3
00100	4	4
00101	5	5
00110	6	6
00111	7	7
01000	8	8
01001	9	9
01010	10	10
01011	11	11
01100	12	12
01101	13	13
01110	14	14
01111	15	15
10000	16	−16
10001	17	−15
10010	18	−14
10011	19	−13
10100	20	−12
10101	21	−11
10110	22	−10
10111	23	−9
11000	24	−8
11001	25	−7
11010	26	−6
11011	27	−5
11100	28	−4
11101	29	−3
11110	30	−2
11111	31	−1

第3章の解答　257

●**問題 3-2**（整数を 8 ビットで表す）
次の表は「ビットパターンと整数の対応表（8 ビット）」の一
部です。空欄を埋めてください。

ビットパターン	符号無し	符号付き
00000000	0	0
00000001	1	1
00000010	2	2
00000011	3	3
⋮	⋮	⋮
☐	31	☐
☐	32	☐
⋮	⋮	⋮
01111111	☐	☐
10000000	☐	☐
⋮	⋮	⋮
☐	☐	−32
☐	☐	−31
⋮	⋮	⋮
11111110	☐	☐
11111111	☐	☐

258　解答

■解答 3-2

ビットパターン	符号無し	符号付き
00000000	0	0
00000001	1	1
00000010	2	2
00000011	3	3
⋮	⋮	⋮
00011111	31	31
00100000	32	32
⋮	⋮	⋮
01111111	127	127
10000000	128	−128
⋮	⋮	⋮
11100000	224	−32
11100001	225	−31
⋮	⋮	⋮
11111110	254	−2
11111111	255	−1

補足

この表の各行について、

《符号無し》−《符号付き》

の値は必ず 256 の倍数になります。言い換えると、

《符号無し》≡《符号付き》　(mod 256)

が成り立っています（mod については p. 262 参照）。

第3章の解答　259

●**問題 3-3**（2 の補数表現）

4 ビットの場合、2 の補数表現は、

$$-8 \leqq n \leqq 7$$

という不等式を満たす整数 n をすべて表すことができます。N ビットの場合、2 の補数表現が表すことができる整数 n の範囲を上と同様の不等式で表してください。ただし、N は正の整数とします。

■**解答 3-3**

最上位ビットが 0 である N−1 ビットを使って、

$$0, 1, 2, 3, \ldots, 2^{N-1} - 1$$

という 0 以上の整数 2^{N-1} 個を表すことができます。

また、最上位ビットが 1 である N−1 ビットを使って、

$$-1, -2, -3, -4, \ldots, -2^{N-1}$$

という 0 未満の整数 2^{N-1} 個を表すことができます。

よって、N ビットの場合、2 の補数表現は、

$$-2^{N-1} \leqq n \leqq 2^{N-1} - 1$$

という不等式を満たす整数 n すべてを表すことができます。

$$\text{答}\ \ -2^{N-1} \leqq n \leqq 2^{N-1} - 1$$

補足

検算のために N = 4 とすると、

$$-2^{4-1} \leqq n \leqq 2^{4-1} - 1$$

となり、確かに $-8 \leqq n \leqq 7$ になっています。

●**問題 3-4**（オーバーフロー）
4 ビットを用い、整数を符号無しで表します。《全ビット反転
して 1 を足す》という計算でオーバーフローが起きる整数は
何個ありますか。

■**解答 3-4**

1 を足す計算でオーバーフローが起きるのは 1111 だけです。
したがって、《全ビット反転して 1 を足す》という計算でオーバー
フローが起きるのは 0000 すなわち整数 0 の 1 個だけです。

答 1 個

●**問題 3-5**（符号反転で不変なビットパターン）
4 ビットのビットパターンのうち、《全ビットを反転して 1 を
足し、オーバーフローしたビットは無視する》という操作に
よって不変なビットパターンをすべて見つけてください。

第3章の解答　261

■解答 3-5

0000 と 1000 の 2 個存在します。

答　0000 と 1000

補足

　符号反転しても不変なビットパターン 0000 と 1000 はそれぞれ、0 と −8 を表しています。そして、0 と −8 はどちらも「符号反転した数と、16 を法として合同な数」になってます。

$$0 \equiv -0 \quad (\bmod\ 16)$$
$$-8 \equiv 8 \quad\ \ (\bmod\ 16)$$

以下の表でも、0000 と 1000 の行に並んでいる数だけが「符号反転した数と、16 を法として合同な数」になっています。

0000	$\cdots$	-48	-32	-16	0	16	32	48	$\cdots$
0001	$\cdots$	-47	-31	-15	1	17	33	49	$\cdots$
0010	$\cdots$	-46	-30	-14	2	18	34	50	$\cdots$
0011	$\cdots$	-45	-29	-13	3	19	35	51	$\cdots$
0100	$\cdots$	-44	-28	-12	4	20	36	52	$\cdots$
0101	$\cdots$	-43	-27	-11	5	21	37	53	$\cdots$
0110	$\cdots$	-42	-26	-10	6	22	38	54	$\cdots$
0111	$\cdots$	-41	-25	-9	7	23	39	55	$\cdots$
1000	$\cdots$	-40	-24	-8	8	24	40	56	$\cdots$
1001	$\cdots$	-39	-23	-7	9	25	41	57	$\cdots$
1010	$\cdots$	-38	-22	-6	10	26	42	58	$\cdots$
1011	$\cdots$	-37	-21	-5	11	27	43	59	$\cdots$
1100	$\cdots$	-36	-20	-4	12	28	44	60	$\cdots$
1101	$\cdots$	-35	-19	-3	13	29	45	61	$\cdots$
1110	$\cdots$	-34	-18	-2	14	30	46	62	$\cdots$
1111	$\cdots$	-33	-17	-1	15	31	47	63	$\cdots$

　一般に x, y, M を整数として《x を M で割った余り》と《y を M で割った余り》とが等しいとき、「x と y は M を法として合同である」といいます。 また、x と y が M を法として合同であることを、

$$x \equiv y \quad (\mathrm{mod}\, M)$$

と書きます。

第4章の解答　263

第4章の解答

●**問題 4-1**（フルトリップに挑戦）

本文で「僕」は、

$$0000 \to 000\underline{1} \to 00\underline{1}1 \to 001\underline{0} \to \cdots$$

と進みました（p. 159）。「僕」が選ばなかった別の道、

$$0000 \to 000\underline{1} \to 00\underline{1}1 \to \underline{0}111 \to \cdots$$

ではフルトリップできるでしょうか。

■**解答 4-1**

できます。たとえば、以下のようにします。

$$0000 \to 000\underline{1} \to 00\underline{1}1 \to \underline{0}111 \to \underline{1}111 \to 111\underline{0} \to 11\underline{0}0 \to 110\underline{1}$$

$$\to \underline{0}101 \to 010\underline{0} \to 01\underline{1}0 \to 0\underline{0}10 \to \underline{1}010 \to 101\underline{1} \to 10\underline{0}1 \to 100\underline{0}$$

264 解答

●問題 4-2（ルーラー関数）

ルーラー関数 $\rho(n)$ を漸化式で定義してください。

n	1 2 3 4 5 6 7 8 9 10 11 12 13 14 15 ...
$\rho(n)$	0 1 0 2 0 1 0 3 0 1 0 2 0 1 0 ...

■解答 4-2

$\rho(n)$ が「n を 2 進法で表記したときに右端に並ぶ 0 の個数（n を割り切る最大の 2^m となる m）」であることを考えると、次の漸化式が得られます（$n = 1, 2, 3, \ldots$）。

$$
\begin{cases}
\rho(1) = 0 \\
\rho(2n) = \rho(n) + 1 \\
\rho(2n + 1) = 0
\end{cases}
$$

補足

1 および $2n + 1$ は奇数なので、$\rho(1) = 0$ と $\rho(2n + 1) = 0$ はすぐにわかります。奇数を 2 進法で表記すると、右端には 0 が 1 個も並ばないからです。

$2n$ は n を 2 倍しているので、2 進法で表したときに右端に並ぶ 0 の数は、$2n$ の方が n よりも 1 多くなります。したがって、$\rho(2n) = \rho(n) + 1$ がいえます。

第4章の解答　265

●**問題 4-3**（ビットパターン列の逆転）

p. 166 でミルカさんが語っていたビットパターン列の逆転と最上位ビットの反転について調べましょう。n は 1 以上の整数とします。G_n を p. 178 で述べたビットパターン列とします。

- G_n^R を、G_n を逆転したビットパターン列とします。
- G_n^- を、G_n のすべての最上位ビットを反転させたビットパターン列とします。

このとき、

$$G_n^R = G_n^-$$

であることを証明してください。

$G_3 = 000, 001, 011, 010, 110, 111, 101, 100$ について、$G_3^R = G_3^-$ となる様子を以下に示します。

$$
\begin{aligned}
G_3^R &= (000, 001, 011, 010, 110, 111, 101, 100)^R \\
&= 100, 101, 111, 110, 010, 011, 001, 000 \\
G_3^- &= (000, 001, 011, 010, 110, 111, 101, 100)^- \\
&= 100, 101, 111, 110, 010, 011, 001, 000
\end{aligned}
$$

■**解答 4-3**

証明

　G_n の漸化式、

$$\begin{cases} G_1 = 0,1 \\ G_{n+1} = 0G_n, 1G_n^R \end{cases} \quad (n \geqq 1)$$

を使って証明します。

① G_1^R と G_1^- を具体的に求めます。

$$\begin{array}{ll} G_1^R = (0,1)^R & G_1 = 0,1 \text{ だから} \\ \quad = 1,0 & \text{逆転した} \\ G_1^- = (0,1)^- & G_1 = 0,1 \text{ だから} \\ \quad = \bar{0}, \bar{1} & \text{最上位ビットを反転した} \\ \quad = 1,0 & \bar{0} = 1 \text{ で } \bar{1} = 0 \text{ だから} \end{array}$$

よって $n = 1$ のとき、

$$G_n^R = G_n^-$$

がいえました。

② G_n の漸化式から $n \geqq 1$ のとき、

$$G_{n+1} = 0G_n, 1G_n^R$$

がいえます。これを使って G_{n+1}^R を計算します。

$$G_{n+1}^R = (0G_n, 1G_n^R)^R \qquad G_{n+1} = 0G_n, 1G_n^R \text{ だから}$$

$$= (1G_n^R)^R, (0G_n)^R \qquad \text{前半と後半を入れ換えて、それぞれ逆転した}$$

$$= 1(G_n^R)^R, 0G_n^R \qquad \text{最上位ビットが共通だから}$$

$$= 1G_n, 0G_n^R \qquad 2\text{ 回逆転したら元に戻る}$$

$$= (\bar{1}G_n, \bar{0}G_n^R)^- \qquad \text{最上位ビットを 2 回反転したら元に戻る}$$

$$= (0G_n, 1G_n^R)^- \qquad \bar{1} = 0 \text{ で } \bar{0} = 1 \text{ だから}$$

$$= G_{n+1}^- \qquad 0G_n, 1G_n^R = G_{n+1} \text{ だから}$$

よって $n \geqq 1$ のとき、

$$G_{n+1}^R = G_{n+1}^-$$

がいえますので、$n \geqq 2$ のとき、

$$G_n^R = G_n^-$$

がいえました。

　①と②により、1 以上のすべての整数 n について

$$G_n^R = G_n^-$$

が成り立ちます。

(証明終わり)

268　解答

第5章の解答

●問題 5-1（ハッセ図）

3 ビットのビットパターン全体の集合を B_3 とします。

$$B_3 = \{000, 001, 010, 011, 100, 101, 110, 111\}$$

集合 B_3 に対して、①〜④の順序関係を入れたときのハッセ図をそれぞれ描いてください。

① x のビットパターンのうち n 個の 0 を 1 に変えたものが y であることを $x \preceq y$ とする（$n = 0, 1, 2, 3$）。

② 《x の 1 の個数》$\leqq$《y の 1 の個数》であることを $x \preceq y$ とする。

③ ビットパターンを 2 進法として解釈し、$x \leqq y$ であることを $x \preceq y$ とする。

④ ビットパターンを 2 の補数表現（符号付き）として解釈し、$x \leqq y$ であることを $x \preceq y$ とする。

■解答 5-1

① x のビットパターンのうち n 個の 0 を 1 に変えたものが y であることを $x \preceq y$ とする（$n = 0, 1, 2, 3$）。

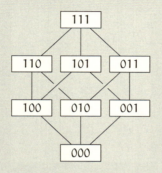

② 《x の 1 の個数》$\leqq$《y の 1 の個数》であることを $x \preceq y$ とする。

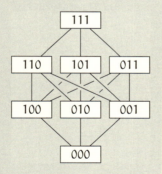

③ ビットパターンを 2 進法として解釈し、x ≦ y であることを
x ⪯ y とする。

④ ビットパターンを 2 の補数表現（符号付き）として解釈し、
x ≦ y であることを x ⪯ y とする。

第5章の解答　271

●**問題 5-2**（じゃんけん）

じゃんけんの手からなる集合を J とします。

$$J = \{ グー, チョキ, パー \}$$

J の要素 x と y に対して、

　　x に y が勝つ、または、x と y があいこになる

という関係を、

$$x \preceq y$$

と表すことにします。たとえば、

$$チョキ \preceq グー$$

が成り立ちます。このとき (J, $\preceq$) は順序集合になりますか。

■**解答 5-2**

(J, $\preceq$) は順序集合になりません。

$\preceq$ が J の上の順序関係になるためには反射律、反対称律、推移律が成り立つ必要があります。(J, $\preceq$) では、反射律と反対称律は成り立ちますが、推移律が成り立ちません。たとえば、

$$チョキ \preceq グー \ かつ \ グー \preceq パー$$

ですが、**チョキ $\preceq$ パー** は成り立たないからです。

272 解答

●**問題 5-3**（ビットパターンの順序関係）

本文では、順序集合 $(B_4, \preceq)$ をビット単位の論理和と論理積で表しました（p. 205 参照）。ところで、x と y を B_4 の要素とするとき、

$$x \mid y = y \quad \Longleftrightarrow \quad x \,\&\, y = x$$

が成り立つことを証明してください。

■**解答 5-3**

証明

　ビット単位の演算なので、1 ビットで調べれば済みます。以下の真理値表で $x \mid y = y$ と $x \,\&\, y = x$ の真偽が一致しますので、

$$x \mid y = y \quad \Longleftrightarrow \quad x \,\&\, y = x$$

がいえました。

x	y	$x \mid y$	$x \,\&\, y$	$x \mid y = y$	$x \,\&\, y = x$
0	0	0	0	真	真
0	1	1	0	真	真
1	0	1	0	偽	偽
1	1	1	1	真	真

（証明終わり）

補足

- 1 ビットで考えたとき、$x \mid y = y$ と $x \,\&\, y = x$ はどちらも「$x \leqq y$ のときのみ成り立つ」ことがわかります（$\leqq$ は数と

第5章の解答　273

しての不等号)。

●**問題 5-4**（ド・モルガンの法則）

ビット演算では、以下の**ド・モルガンの法則**が成り立ちます。

$$\overline{x \,\&\, y} = \bar{x} \mid \bar{y}$$

$$\overline{x \mid y} = \bar{x} \,\&\, \bar{y}$$

集合代数でも、同様のド・モルガンの法則が成り立ちます。

$$\overline{x \cap y} = \bar{x} \cup \bar{y}$$

$$\overline{x \cup y} = \bar{x} \cap \bar{y}$$

210 の約数全体の集合に対して、

$$x \preceq y \quad \Longleftrightarrow \quad 《x は y の約数である》$$

という順序関係 $\preceq$ を入れたブール代数でもド・モルガンの法則は成り立ちますが、どのような式で表せますか。

■**解答 5-4**

次の通りです。

$$210/\gcd(x, y) = \mathrm{lcm}(210/x, 210/y)$$

$$210/\mathrm{lcm}(x, y) = \gcd(210/x, 210/y)$$

- $210/x$ は、《210 割る x》で、
  このブール代数における《x の補元》を表します。

- $\gcd(x, y)$ は、x と y の最大公約数[*2]で、
  このブール代数における《x と y の交わり》を表します。
- $\mathrm{lcm}(x, y)$ は、x と y の最小公倍数[*3]で、
  このブール代数における《x と y の結び》を表します。

なお、210 の約数全体の集合に対して、双対な順序関係を入れることもできます。「付録：ブール代数の例と対応関係」(p. 234) を参照してください。

[*2] 最大公約数（greatest common divisor）
[*3] 最小公倍数（least common multiple）

第5章の解答　275

●**問題 5-5**（マークの順序関係）

時計の文字盤の 12 時のところから始めて、等間隔に丸印を配置した 6 種類のマークを作りました。マーク全体の集合 M は、

$$M = \{\;\bigcirc\,,\;\bigcirc\,,\;\bigcirc\,,\;\bigcirc\,,\;\bigcirc\,,\;\bigcirc\;\}$$

となります。x と y を集合 M の要素として、

　　x に y を重ねたとき、
　　x のすべての丸印を y の丸印が覆い隠す

という関係を、

$$x \preceq y$$

と表すことにします。たとえば、

　　$\bigcirc \preceq \bigcirc$ は成り立ちます。

　　$\bigcirc \preceq \bigcirc$ は成り立ちません。

順序集合 $(M, \preceq)$ のハッセ図を描いてください。

■**解答 5-5**

次の通りです。

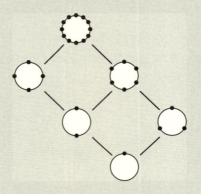

補足

このマークの順序関係は、12 の約数全体の集合に対して、

$$x \preceq y \iff 《x は y の約数である》$$

という順序関係 $\preceq$ を入れたものと同型になります。

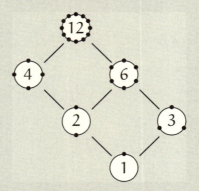

もっと考えたいあなたのために

　本書の数学トークに加わって「もっと考えたい」というあなたのために、研究問題を以下に挙げます。解答は本書に書かれていませんし、たった一つの正解があるとも限りません。

　あなた一人で、あるいはこういう問題を話し合える人たちといっしょに、じっくり考えてみてください。

278 　もっと考えたいあなたのために

第1章 指折りビット

●**研究問題 1-X1**（1 を並べる記数法）
$1, 2, 3, 4, \ldots$ をそれぞれ、

$$1, \quad 11, \quad 111, \quad 1111, \quad \ldots$$

と表記する記数法を考えます。これは、n を表記するのに 1
を n 個並べるという方法です。

$$\underbrace{111 \cdots 1}_{n}$$

この記数法の便利な点と不便な点について自由に考えま
しょう。

●研究問題 1-X2（指で数を表す）
あなたが指を使って数を表すときの、指の折り方を詳しく観察してみましょう。以下の例では《4と6》《3と7》《2と8》《1と9》がそれぞれ同じ指の折り方になりますが、あなたの折り方はどうですか。

指を使って1から10まで数えた例

●研究問題 1-X3（パターンの発見）
第1章で、2進法で書いた方がパターンを見つけやすいのではないかという話題になりました（p.30）。あなたはどう思いますか。10進法よりも2進法の方がパターンを見つけやすい例や、逆に2進法よりも10進法の方がパターンを見つけやすい例などについて自由に考えてみましょう。

280　もっと考えたいあなたのために

●研究問題 1-X4（読めない数字）
2 進法 5 桁のうち、数字が何個か読めないとします。たとえ
ば、読めない数字を * として、

$$*11*0$$

と書かれていたとき、この数についてどんなことがいえます
か。また、以下のように書かれていた場合についてもそれぞ
れ考えてみましょう。

$$****1$$
$$***00$$
$$1****$$
$$00***$$
$$001**$$
$$**1**$$

●研究問題 1-X5（小数）
第 1 章では、0, 1, 2, 3, ... という 0 以上の整数について 2 進
法で表記する方法を考えました。それでは、

$$0.5$$

を 2 進法で表記するにはどうしたらいいでしょうか。また、
小数で表記されている他の数の場合はどうしたらいいでしょ
うか。

第1章 指折りビット　281

●**研究問題 1-X6**（数字のデザイン）

数字を手であわてて書くと、わかりにくくなる場合があります。たとえば、次の数は 100 なのか 766 なのかわかりにくいですね。

766

また、6 と 9 は上下が逆になるとどちらがどちらかわかりにくくなります。たとえば、次のカードに書かれている数は 166 でしょうか。それとも 991 でしょうか。

166 ←→ 991

あわてて書いても、上下を逆にしても誤解のない数字を自由にデザインしてみましょう。

第2章 変幻ピクセル

●**研究問題 2-X1**（フィルタを作る）
第 2 章では、画像を変換するさまざまなフィルタが登場しました。次のような変換を行うにはどんなフィルタを作ればいいでしょうか。

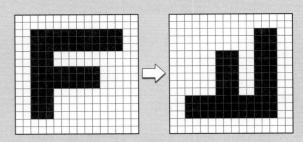

●**研究問題 2-X2**（ビット演算と数値演算）
第 2 章では、ビット演算（$\gg, \ll, |$）を使ってフィルタ SWAP を作りました（p. 73）。では、数値演算（$\times, \mathrm{div}, +$）を使ってフィルタ SWAP を作り直してみましょう。

●研究問題 2-X3（フィルタ REVERSE-LOOP）

以下のフィルタ REVERSE-LOOP は第 2 章のフィルタ
REVERSE（p. 79）と同じ動作をします。本当に同じ動作を
するか確かめましょう。

```
 1:   program REVERSE-LOOP
 2:       k ← 0
 3:       while k < 16 do
 4:           x ← 〈受信する〉
 5:           y ← 0
 6:           j ← 0
 7:           while j < 8 do
 8:               M_R ← 1 ≪ j
 9:               M_L ← 1 ≪ (15 − j)
10:               S ← 15 − 2j
11:               y ← y | ((x ≫ S) & M_R)
12:               y ← y | ((x ≪ S) & M_L)
13:               j ← j + 1
14:           end-while
15:           〈y を送信する〉
16:           k ← k + 1
17:       end-while
18:   end-program
```

284　もっと考えたいあなたのために

●**研究問題 2-X4**（色を付ける）

第 2 章では、白黒だけで描かれた絵（モノクロ画像）を取り扱いました。色が付いた絵（カラー画像）を取り扱うにはどうしたらいいでしょうか。自由に考えてみましょう。また、テレビ、コンピュータの画面、写真、印刷物などではどのようにしてカラー画像を取り扱っているか調べてみましょう。そもそも、人間の目はどのようにして色を認識しているかも調べましょう。

●**研究問題 2-X5**（ビット幅を広げる）

第 2 章では、16 個の受光器を備えたスキャナと、16 個の印刷器を備えたプリンタを使いました。もしも受光器と印刷器の個数を増やした場合に、プログラムをどのように変更する必要があるかを考えます。REVERSE（p.79）と、REVERSE-LOOP（p.283）と、REVERSE-TRICK（p.80）は、いずれも 16 ビット版のプログラムでした。これらのプログラムの 32 ビット版、64 ビット版、128 ビット版をそれぞれ作ってみましょう。

●研究問題 2-X6 （次元を上げる）

第 2 章では、16 個の受光器や印刷器を 1 次元の「線」として
並べた機械を使い、処理を繰り返すことで 2 次元の「面」と
しての画像を処理していました。もしも、16 × 16 個の受光
器や印刷器を持ち 2 次元の「面」を一度に扱える機械があっ
たら、プログラムはどのようになるでしょうか。また、3D
スキャナや 3D プリンタでは、どのように 3 次元の「立体」
を扱っているか調べてみましょう。

●研究問題 2-X7 （シミュレータを作る）

第 2 章に登場したさまざまなフィルタと同様な処理を行う
プログラムを、あなたが使えるプログラミング言語で書いて
みましょう。実際のプリンタの代わりに画面に□や■を表示
するプログラム（シミュレータ）を作るのもいいですね。第
2 章では 16 × 16 という小さな画像を処理していましたが、
もっと大きな画像が処理できるようにしてみましょう。

286　もっと考えたいあなたのために

●**研究問題 2-X8**（フィルタ同士の関係）

フィルタ F_1 と F_2 が同じ（等しい入力に対して、等しい出力をする）ことを、

$$F_1 = F_2$$

で表すことにします。また、フィルタ F_1 の出力をフィルタ F_2 の入力に接続してできる新たなフィルタを、

$$F_1 \blacktriangleright F_2$$

と表すことにします。このときたとえば、以下の「フィルタ等式」が成り立ちます（IDENTITY は p. 251 参照）。

$$\text{RIGHT} \blacktriangleright \text{RIGHT} = \text{RIGHT2}$$
$$\text{RIGHT} \blacktriangleright \text{IDENTITY} = \text{RIGHT}$$

その他に成り立つ「フィルタ等式」はあるでしょうか。たとえば、以下の「フィルタ等式」はどうでしょうか。

$$\text{SWAP} \blacktriangleright \text{SWAP} \overset{?}{=} \text{IDENTITY}$$

$$\text{REVERSE} \blacktriangleright \text{REVERSE} \overset{?}{=} \text{IDENTITY}$$

$$\text{RIGHT} \blacktriangleright \text{LEFT} \overset{?}{=} \text{IDENTITY}$$

$$\text{RIGHT} \blacktriangleright \text{REVERSE} \overset{?}{=} \text{LEFT}$$

$$\text{RIGHT} \blacktriangleright \text{LEFT} \overset{?}{=} \text{LEFT} \blacktriangleright \text{RIGHT}$$

$$\text{X-RIM} \blacktriangleright \text{X-RIM} \overset{?}{=} \text{X-RIM}$$

補足

$16 \times 16 = 256$ ビットのビットパターン全体の集合を B_{256} で表すと、第2章に出てきた1入力のフィルタは、B_{256} から B_{256} への関数と見なすことができます。また、▶ は2関数の合成になります。

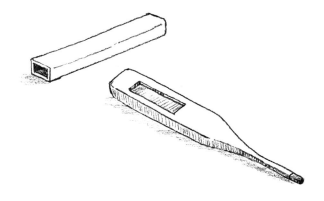

第3章 コンプリメントの技法

●**研究問題 3-X1**（謎の式、もっと）

第 3 章では、ビット単位の論理積 & を使った謎の式、

$$n \ \& \ -n$$

について考えました（p.125）。同様にして、

$$n \oplus -n \quad および \quad n \ | \ -n$$

について自由に考えてみましょう。ビット単位の排他的論理和 $\oplus$ は p.67 を、またビット単位の論理和 | は p.73 を参照してください。

第3章 コンプリメントの技法　289

●**研究問題 3-X2**（全ビット反転して 1 を足す）
ユーリがこんなことを言い出しました。

ユーリ「ねーねー。n から $-n$ を得る操作が、

《全ビット反転して 1 を足す》

だとしたら、$-n$ から n を得る操作は、

《1 を引いて全ビット反転する》

じゃないの？」

あなたなら、どう答えますか。

●**研究問題 3-X3**（無限ビットパターン）
第3章では、無限ビットパターンという話題が出てきました。
-1 を無限ビットパターンで表すとしたらどうなるでしょう。
また一般に、負の数はどんな無限ビットパターンになりますか。

290　もっと考えたいあなたのために

●**研究問題 3-X4**（$2^m \cdot$ 奇数）

第 3 章では、1 以上の整数 n を、

$$n = 2^m \cdot 奇数$$

と表しました（p. 134）。この「奇数」の部分を f(n) と表したとき、数列 f(1), f(2), f(3), ... におもしろい性質がないか自由に考えてみましょう。

n	1	2	3	4	5	6	7	8	9	10	11	12	13	14	15	$\cdots$
f(n)	1	1	3	1	5	3	7	1	9	5	11	3	13	7	15	$\cdots$

第3章 コンプリメントの技法 291

●研究問題 3-X5 （1 の補数表現）

第 3 章で「僕」は《符号ビットの反転》と《符号の反転》の
関係を考えていました（p. 110）。1 の補数表現という整数の
表現方法では《符号ビットの反転》と《符号の反転》が同じ
になります。1 の補数表現での計算について自由に探求しま
しょう。以下に 4 ビットの場合の対応表を示します。

ビットパターン	符号無し	符号付き	
		2 の補数表現	1 の補数表現
0000	0	0	0
0001	1	1	1
0010	2	2	2
0011	3	3	3
0100	4	4	4
0101	5	5	5
0110	6	6	6
0111	7	7	7
1000	8	−8	−0
1001	9	−7	−1
1010	10	−6	−2
1011	11	−5	−3
1100	12	−4	−4
1101	13	−3	−5
1110	14	−2	−6
1111	15	−1	−7

292 もっと考えたいあなたのために

●**研究問題 3-X6**（ビット反転の類似物）

b が 2 進法の 1 桁（1 ビット）を表すとき、ビット反転 $\bar{b}$ は、

$$\bar{b} = 1 - b$$

と表現できます。これを、

$$\bar{b} = (2 - 1) - b$$

と見なし、ビット反転の類似物を作ります。d が 10 進法の 1 桁（1 ディジット）を表すとき、ディジット反転 $\bar{d}$ を、

$$\bar{d} = (10 - 1) - d$$

と定義します。このディジット反転には、おもしろい性質はあるでしょうか。自由に考えてみましょう。

補足

ディジット反転は本書だけの用語です。一般的には、

- $\bar{b}$ は、b に対する《1 の補数》（ビット反転）
- $\bar{d}$ は、d に対する《9 の補数》

といいます。

第3章 コンプリメントの技法 293

●研究問題 3-X7（証明しなくちゃ、予想にすぎない）
第3章で、ユーリと「僕」は「証明しなくちゃ、予想にすぎ
ない」と言っていましたが、一つの例で確認しただけで証明
はしていません（p.138）。以下を証明しましょう。

整数 n に対して、

$$n \,\&\, -n = \begin{cases} 0 & n = 0 \text{ のとき} \\ 2^m & n \neq 0 \text{ のとき} \end{cases}$$

が成り立つ。ここで m は、

$$n = 2^m \cdot \textbf{奇数}$$

を満たす 0 以上の整数である。

ヒント：第3章で「僕」は説明のために無限ビットパターン
を持ち出しましたが、「整数 n と $-n$ を表現するのに十分な
ビット幅」を持った有限ビットパターンを使って証明しま
しょう。

294　もっと考えたいあなたのために

第4章 フリップ・トリップ

●**研究問題 4-X1**（グレイコード）
4 ビットのグレイコードは全部で何種類あるでしょうか。

●**研究問題 4-X2**（ルーラー関数の拡張）
第 4 章のルーラー関数 $\rho(n)$ は、正整数 $n = 1, 2, 3, \ldots$ について定義されていました。もしも、一貫性を持たせつつ、

$$\rho(0)$$

を定義するとしたら、どうしたらいいでしょうか。自由に考えてみましょう。

●**研究問題 4-X3**（ルーラー関数の別バージョン）
第 4 章のルーラー関数 $\rho(n)$ は 2 進法に深く関連していました（p. 170）。では、ルーラー関数の 10 進法バージョンを自由に考えてみましょう。

●研究問題 4-X4 (ハノイの塔)

ハノイの塔とグレイコードの一種 G_n との関係について考えましょう。

p.177 では、G_{n+1} を G_n によって構成し、漸化式を作りました。

これと同様に、《$n+1$ 枚のハノイの塔を解く手順》を《n 枚のハノイの塔を解く手順》で構成し、ハノイの塔を解く手順の漸化式を作りましょう。

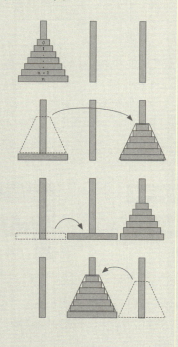

第5章 ブール代数

●**研究問題 5-X1**(ブール代数)
要素が 2 個しかない集合 $\{\alpha, \beta\}$ をもとにしてブール代数を構築しましょう。

●**研究問題 5-X2**(ピクセルとブール代数)
白黒ピクセル $16 \times 16 = 256$ 個をシートと呼ぶことにします。白と黒を 0 と 1 のビットパターンと見なして、シート全体の集合に対してブール代数を構築しましょう。上界、最大元、補元などの概念がピクセルのどのような概念を表しているか考えてみましょう。

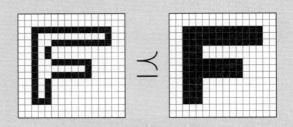

シート全体の集合に別のブール代数を構築することはできるでしょうか。右シフトを利用した順序関係を入れることはできないでしょうか。その他、自由に考えてみましょう。

あとがき

こんにちは、結城浩です。

『数学ガールの秘密ノート／ビットとバイナリー』をお読みいただきありがとうございます。

本書は、10 進法と 2 進法を中心とした位取り記数法、ビットパターン、ピクセル、各種ビット演算、2 の補数表現、グレイコード、ρ 関数、順序集合とブール代数を巡る一冊となりました。彼女たちといっしょに《0 と 1 の並び》を楽しく体験していただけたでしょうか。

「ビット」は 2 進法で数を表記したときの 1 桁の数を意味し、「バイナリー」は 2 種類のものを使うこと全般を意味します。たとえば、2 進法は binary number system といいます。コンピュータとプログラミングに触れるとき、至る所にビットとバイナリーが顔を出してきますよ。

本書は、ケイクス（cakes）での Web 連載「数学ガールの秘密ノート」第 101 回から第 110 回までを再編集したものです。本書を読んで「数学ガールの秘密ノート」シリーズに興味を持った方は、ぜひ Web 連載もお読みください。

「数学ガールの秘密ノート」シリーズは、やさしい数学を題材にして、中学生のユーリ、高校生のテトラちゃん、リサ、ミルカさん、それに「僕」が楽しい数学トークを繰り広げる物語です。

同じキャラクタたちが活躍する「数学ガール」シリーズという

別のシリーズもあります。こちらは、より幅広い数学にチャレンジする数学青春物語です。ぜひこちらのシリーズにも手を伸ばしてみてください。

「数学ガールの秘密ノート」と「数学ガール」の二つのシリーズ、どちらも応援してくださいね。

本書は、$\text{\LaTeX}\,2_\varepsilon$ と Euler フォント (AMS Euler) を使って組版しました。組版では、奥村晴彦先生の『$\text{\LaTeX}\,2_\varepsilon$ 美文書作成入門』に助けられました。感謝します。図版は、OmniGraffle Pro, TikZ, TEX2img, Fusion 360, Pixelmator Pro を使って作成しました。感謝します。

執筆途中の原稿を読み、貴重なコメントを送ってくださった、以下の方々と匿名の方々に感謝します。当然ながら、本書中に残っている誤りはすべて筆者によるものであり、以下の方々に責任はありません。

安福智明さん、 安部哲哉さん、 井川悠祐さん、 石井遥さん、
石宇哲也さん、 稲葉一浩さん、 上原隆平さん、 植松弥公さん、
大久保快爽さん、 大津悠空さん、 岡内孝介さん、 木村巌さん、
郡茉友子さん、 髙橋健治さん、 とあるけみすとさん、
中吉実優さん、 西尾雄貴さん、 藤田博司さん、 古屋映実さん、
梵天ゆとりさん（メダカカレッジ）、 前原正英さん、
増田菜美さん、 松森至宏さん、 三河史弥さん、 村井建さん、
森木達也さん、 山田泰樹さん、 米内貴志さん、 竜盛博さん、
渡邊佳さん。

「数学ガールの秘密ノート」と「数学ガール」の両シリーズの編

集を通して筆者を支えてくださっている、SBクリエイティブの
野沢喜美男編集長に感謝します。

　ケイクスの加藤貞顕さんに感謝します。

　執筆を応援してくださっているみなさんに感謝します。

　最愛の妻と二人の息子に感謝します。

　本書を最後まで読んでくださり、ありがとうございます。

　では、次回の『数学ガールの秘密ノート』でお会いしましょう！

2019年5月
結城 浩
https://www.hyuki.com/girl/

参考文献と読書案内

[1] Donald E. Knuth, 有澤誠＋和田英一監訳,『The Art of Computer Programming Volume 2 Seminumerical Algorithms Third Edition 日本語版』, KADOKAWA, ISBN978-4-04-869416-2, 2015 年.
「アルゴリズムのバイブル」と評されている歴史的な教科書の第2巻です。第2巻は「乱数と算術演算」について書かれています。〔本書では位取り記数法に関して参考にしました〕

[2] Donald E. Knuth, 有澤誠＋和田英一監訳, 『The Art of Computer Programming Volume 4A Combinatorial Algorithms Part1 日本語版』KADOKAWA, ISBN978-4-04-893055-0, 2017 年.
「アルゴリズムのバイブル」の第4A巻です。第4A巻は「組合せアルゴリズム」について書かれています。〔本書では位取り記数法、ビット演算のトリック、グレイコード、ρ関数、「付録：グレイコードの性質とセンサー」の図版（p.186）に関して参考にしました〕

[3] Ronald L. Graham, Donald E. Knuth, Oren Patashnik, 有澤誠＋安村通晃＋萩野達也＋石畑清訳, 『コンピュータの数学』, 共立出版, ISBN978-4-320-02668-1, 1993 年.
和を求めることをテーマにした離散数学の参考書です。

〔本書ではハノイの塔、ρ 関数に関して参考にしました〕

[4] 岩村 聯, 『復刊 束論』, 共立出版, ISBN978-4-320-01897-6, 2009 年.

　　ラティス（束）を扱った数学書です。〔本書の第 5 章で参考にしました〕

[5] 嘉田勝, 『論理と集合から始める数学の基礎』, 日本評論社, ISBN978-4-535-78472-7, 2008 年.

　　数学や情報科学を学ぶ基礎となる内容を、論理と集合に焦点を当てて解説した入門書です。〔本書の第 5 章で参考にしました〕

[6] https://oeis.org/A007814

　https://oeis.org/A001511

　　オンライン整数列大辞典（The On-Line Encyclopedia of Integer Sequences®）の定規関数の項目です。A007814 では、

$$0, 1, 0, 2, 0, 1, 0, 3, 0, 1, 0, 2, 0, 1, 0, \ldots$$

について、A001511 では、

$$1, 2, 1, 3, 1, 2, 1, 4, 1, 2, 1, 3, 1, 2, 1, \ldots$$

について書かれています。

索引

記号・数字

S \ x 234
10 進法 10
1 の補数 66, 292
3D スキャナ 285
3D プリンタ 285
9 の補数 292

欧文

COMPLEMENT 65
DIVIDE2 59
DOWN 96
Euler フォント 298
gcd（最大公約数） 234, 274
G_n の漸化式 178
IDENTITY 251
lcm（最小公倍数） 234, 274
LEFT 64
mod 262
PRINT 56
REVERSE 79
REVERSE-TRICK 80
RIGHT 61
RIGHT2 63
SCAN 50
SKEW 252
SWAP 73
UP 95
X-RIM 93
XOR 67

ア

余り 26, 27
印刷器 55, 284, 285

カ

下界 206
下限 210
数を数える 191
カラー 284
関数の合成 287
基数 15
奇数 19, 26
記数法 8
偶数 19, 26
位 10
位取り記数法 10
繰り上がり 21, 36, 74, 103, 118,
　139

繰り返し　51
グレイコード　171
桁　7
公差　174
合同　262
コピー機　57
コンプリメント　65, 225

サ

最小元　211, 233
最小公倍数（lcm）　234, 274
最小上界　208
最大下界　210
最大元　211, 233
最大公約数（gcd）　234, 274
差集合（\）　234
次元　285
シミュレータ　285
受光器　49, 187, 284, 285
順序関係　198, 216
順序構造　198
順序集合　198, 216
商　26, 27
上界　206
上限　208
初項　174
推移律　216
スキャナ　49
漸化式　178
全順序関係　202
双対　212

タ

台集合　216
代入　51
《小さな数で試す》　126, 173
《定義にかえれ》　89
テトラちゃん　iv
等差数列　174
等比数列　174

ナ

二項係数　192
《似た問題を知っているか》　26, 71

ハ

ハーフトリップ　162
バイナリー　297
ハノイの塔　181
反射律　216
半順序関係　201
反対称律　216
反転　36
ピクセル　37
ビット　50, 297
ビット単位の排他的論理和（⊕）　67,
　　288
ビット単位の論理積（&）　77, 125
ビット単位の論理和（|）　73, 204,
　　288
ビットパターン列　171, 173, 178
ビット反転　111, 197, 212, 215,
　　225, 292
ビット反転（ ‾ ）　66, 292

フィルタ 58
ブール代数 233
フリップ・トリップ 147
プリンタ 55
フルトリップ 154
分配律 220
冪乗 13
補 225
法 262
僕 iv
補元 215, 233
補集合 225

マ

交わり 233

ミルカさん iv
結び 233
目 284
モナ・リザ 37
モノクロ 284

ヤ

ユーリ iv

ラ

リサ iv
累乗 14
ルーラー関数 $\rho(n)$ 170
《例示は理解の試金石》 35, 158
論理積 (∧) 126

●結城浩の著作

『C 言語プログラミングのエッセンス』，ソフトバンク，1993（新版：1996）
『C 言語プログラミングレッスン　入門編』，ソフトバンク，1994
　　（改訂第 2 版：1998）
『C 言語プログラミングレッスン　文法編』，ソフトバンク，1995
『Perl で作る CGI 入門　基礎編』，ソフトバンクパブリッシング，1998
『Perl で作る CGI 入門　応用編』，ソフトバンクパブリッシング，1998
『Java 言語プログラミングレッスン（上）（下）』，
　　ソフトバンクパブリッシング，1999（改訂版：2003）
『Perl 言語プログラミングレッスン　入門編』，
　　ソフトバンクパブリッシング，2001
『Java 言語で学ぶデザインパターン入門』，
　　ソフトバンクパブリッシング，2001（増補改訂版：2004）
『Java 言語で学ぶデザインパターン入門　マルチスレッド編』，
　　ソフトバンクパブリッシング，2002
『結城浩の Perl クイズ』，ソフトバンクパブリッシング，2002
『暗号技術入門』，ソフトバンクパブリッシング，2003
『結城浩の Wiki 入門』，インプレス，2004
『プログラマの数学』，ソフトバンクパブリッシング，2005
『改訂第 2 版 Java 言語プログラミングレッスン（上）（下）』，
　　ソフトバンククリエイティブ，2005
『増補改訂版 Java 言語で学ぶデザインパターン入門　マルチスレッド編』，
　　ソフトバンククリエイティブ，2006
『新版 C 言語プログラミングレッスン　入門編』，
　　ソフトバンククリエイティブ，2006
『新版 C 言語プログラミングレッスン　文法編』，
　　ソフトバンククリエイティブ，2006
『新版 Perl 言語プログラミングレッスン　入門編』，
　　ソフトバンククリエイティブ，2006
『Java 言語で学ぶリファクタリング入門』，
　　ソフトバンククリエイティブ，2007
『数学ガール』，ソフトバンククリエイティブ，2007
『数学ガール／フェルマーの最終定理』，ソフトバンククリエイティブ，2008
『新版暗号技術入門』，ソフトバンククリエイティブ，2008

『数学ガール／ゲーデルの不完全性定理』，
　　ソフトバンククリエイティブ，2009
『数学ガール／乱択アルゴリズム』，ソフトバンククリエイティブ，2011
『数学ガール／ガロア理論』，ソフトバンククリエイティブ，2012
『Java 言語プログラミングレッスン　第 3 版（上・下）』，
　　ソフトバンククリエイティブ，2012
『数学文章作法　基礎編』，筑摩書房，2013
『数学ガールの秘密ノート／式とグラフ』，
　　ソフトバンククリエイティブ，2013
『数学ガールの誕生』，ソフトバンククリエイティブ，2013
『数学ガールの秘密ノート／整数で遊ぼう』，SB クリエイティブ，2013
『数学ガールの秘密ノート／丸い三角関数』，SB クリエイティブ，2014
『数学ガールの秘密ノート／数列の広場』，SB クリエイティブ，2014
『数学文章作法　推敲編』，筑摩書房，2014
『数学ガールの秘密ノート／微分を追いかけて』，SB クリエイティブ，2015
『暗号技術入門　第 3 版』，SB クリエイティブ，2015
『数学ガールの秘密ノート／ベクトルの真実』，SB クリエイティブ，2015
『数学ガールの秘密ノート／場合の数』，SB クリエイティブ，2016
『数学ガールの秘密ノート／やさしい統計』，SB クリエイティブ，2016
『数学ガールの秘密ノート／積分を見つめて』，SB クリエイティブ，2017
『プログラマの数学　第 2 版』，SB クリエイティブ，2018
『数学ガール／ポアンカレ予想』，SB クリエイティブ，2018
『数学ガールの秘密ノート／行列が描くもの』，SB クリエイティブ，2018
『C 言語プログラミングレッスン　入門編　第 3 版』，
　　SB クリエイティブ，2019

数学ガールの秘密ノート／ビットとバイナリー

2019 年 7 月 30 日　初版発行

著　者：結城　浩

発行者：小川　淳

発行所：SBクリエイティブ株式会社
　　　　〒106-0032　東京都港区六本木 2-4-5
　　　　　　　　　　営業　03(5549)1201
　　　　　　　　　　編集　03(5549)1234

印　刷：株式会社リーブルテック

装　丁：米谷テツヤ

カバー・本文イラスト：たなか鮎子

落丁本，乱丁本は小社営業部にてお取り替え致します。
定価はカバーに記載されています。

Printed in Japan　　　　　　　　ISBN978-4-7973-9139-8